自種・自摘・自然食在

陽臺盆栽小菜園

陽臺盆栽
小菜園
Contents

※本書中若無出現特殊情況，栽培方法的解說以日本關東地方以西之處為基準。

栽培蔬菜是一種與大自然互動的方式。
請試著輕鬆地栽種一盆吧！
從種子、幼苗階段開始培育，
看著蔬菜一天天逐漸成長的模樣，
會覺得十分不可思議，且相當地有趣。
一邊享受蔬菜每天的變化，
一邊將採摘下來的蔬菜直接送進廚房！
好好地體驗只有身為小農夫，
方能品嚐到的新鮮美味。

培育朝氣蓬勃的蔬菜，擺放的場所很重要！

為了將蔬菜栽培得朝氣蓬勃，確保日照與通風良好十分重要。此外，還要依照居住種類的不同，事先瞭解栽培須知。

Check point

日照良好的場所，就是能直接照射到陽光之處。種植蔬菜時，一天當中最少有3小時至4小時要放置在能直接照射到陽光之處。番茄、茄子等夏天的蔬菜，則需要放置半天以上，以獲得充足的陽光。

獨棟的建築？

避免淋雨

若將盆器放在沒有屋簷遮蔽的場所，持續遭受雨淋時，容易出現土壤過度潮濕，或葉子因濺起的泥土而生病的情況。因此當雨勢太強時，應移動至淋不到雨的場所。

放置在陽臺上須維持盆底通風良好

由於水泥的反射等因素，陽臺（不只是公寓陽臺）是一天當中溫度變化最劇烈的場所。請花點工夫，鋪設木板條或磚頭等方式以減輕反射的影響。

不要直接接觸地面

在庭院進行盆器的栽培時，要將盆器放在鋪有木板條或磚頭等物品的上方，這樣排水與通的狀態會比直接放在地面好。若放在住家周邊的水泥地面時，也是一樣的作法。

放在顯眼處

栽培期間長的蔬菜，倘若放置在需要特地繞去觀看之處，稍不注意就有可能忘記澆水。因此請將花盆放置在曬衣服的陽臺，或每天使用的起居室窗外等，這些生活中較為顯眼之處，才能時常看照。

公寓的陽臺？▼

高樓層要有強風對策

雖然要有適當的通風，但強風會傷害蔬菜。若花盆經常曝露在強風下時，必須得花點心思，例如：在欄杆上加裝網子等，以減輕受風面。此外，會長得很高的蔬菜要以支柱好好地支撐。在颱風來臨前，也請事先作好防止花盆傾倒等措施。

注意管理規定

依公寓的管理規定，會有不少使用陽臺的限制。請務必先確認清楚。

夏天的避暑對策

與獨棟住宅的陽臺相同，為減少陽臺劇烈溫度變化的影響，採取於地板上鋪設木板條等方式。再者，為了避免花盆的溫度在盛夏時升高，要適時地灑水，或於花盆外裏上錫箔紙（可防止陽光直射時的溫度上升）。此外，在因應日照強烈的對策中，採用蘆葦席，或試著使用蔓性蔬菜形成的綠簾，也是不錯的作法。不過，倘若整天都處於陰涼的狀態，蔬菜的生長情況也會變差，所以只限於盛夏最熱的時期使用。

依季節移動至向陽處

能照射到陽光之處，依季節會產不同的變化。春天和秋天時，陽光照射進來的角度比較深，因此可利用的空間面積較廣。夏天時，陽光的照射強烈，但日照的面積減少，所以亦需減少盆器的數量。

應避免造成樓下和鄰居的困擾

為了能持續愉快地種菜，考慮周遭人們的感受相當重要。請特別注意以下的禮儀：不擋住緊急時的逃生路線、勤勞打掃排水口、不將盆器放置在手扶梯上和外側等。

從種子開始栽培

從種子開始栽培，
最大的好處是可選擇各種品種。
當取得優良的種子時，
就開始播種吧！

栽培容易 連間疏的蔬菜 也能食用

若能從種子進行栽培，會比較省錢，多半適用於豆類和葉菜類等蔬菜。若想種出較多植株的青菜，例如：小松菜、菠菜等，只要從種子開始栽培，就能利用間疏的幼苗，更加經濟實惠！

無法移植（從某種程度栽培起再換植到其他場所）的根菜類，也可從種子種起。

喜歡日照的種子& 討厭陽光的種子

如同睡覺時有人希望有點亮度，有人則要全暗，否則無法入睡一般，蔬菜種子的發芽也會受到光線的影響。需要光線的種子稱為「好光性種子」，反之，一感受到光線就會抑制發芽的種子則稱為「厭光性種子」。據此特性來因應種子覆蓋泥土的厚度。

好光性種子……茼蒿、萵苣、胡蘿蔔等。
厭光性種子……蘿蔔、蔥等。

檢視種子包裝袋！

挑選好的種子是栽種時的大前提。由於種子也有新鮮度，所以要避免老舊的種子。請一定要看一下包裝背面標示的有效期限。

每種蔬菜都有其發芽的必要溫度，因此在栽種前先確認適當的播種時期相當重要。

全世界で食される香味野菜の日本向品種

ロケット（ルッコラ）

特　性

1．葉色は濃緑色で葉の大きさは中程度，葉厚で欠刻が深い．
2．食味はピリッとした辛みを持ち，かむとゴマの香ばしい香りがする．従来の品種よりはくせがなく，食べやすい．サラダ用野菜として最近需要が高まっている．
3．トンネル，ハウスを利用すれば周年栽培が可能である．

栽培の要点

1．栽植密度は条間15～20cm，株間4～6cmとする．
2．ハモグリ，アブラムシの防除には，透明寒冷紗などによるトンネル被覆栽培が効果的である．
3．低温に当たることで抽だいする危険性があるので，ハウス，トンネルを利用し十分保温につとめる．

栽培地＼月	1	2	3	4	5	6	7	8	9	10	11	12
露地（雨よけハウス）												
トンネル ハウス												

●…●播種期　▭収穫期

生産地　イタリア　数量 10ml
発芽率　65　%以上
有効期限 11 年 9 月末日　419396

この種子は農薬を使っていません

不許複製

背面除了品質與風味的特性之外，也會記載配合地區與栽培條件的播種時機和收穫時期。此外，也會有種子的產地、發芽率、有效期限、有無經過農藥處理等資訊，所以一定要在購入前先進行確認。

也有無法從種子或幼苗時期栽培的蔬菜

馬鈴薯、地瓜、生薑、日本青蔥或草莓等，這些皆是從種薯、種球或根株等時期方能開始栽培的蔬菜。地瓜則可從蔓莖的「扦插」開始栽培。

播種的方法

當挑選到好的種子時，就要開始播種。
請先確認現在「是否為該種子的播種期」。
種子有其適合發芽的溫度，若是氣溫太高或太低，都很難發芽。此外，也曾出現過種子好不容易發芽，但生長環境卻不佳的情況。所以得選在適當的時機進行播種，方能有滿滿的收穫。

播種的方法有三種，請配合蔬菜的種類與盆器的形狀作選擇吧！

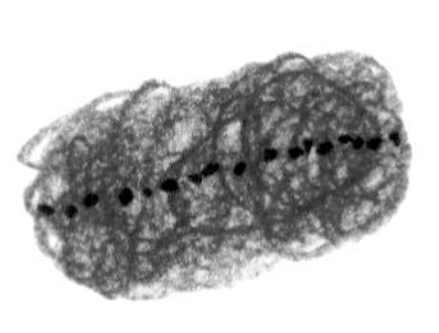

壽司狀播種

將種子撒成壽司狀（在同一直線上）。
植株間距不需要太寬，
適合可一邊間拔疏苗，一邊培育的蔬菜。

1 放入培養土至距盆器邊緣約2cm至4cm下方的位置，並將土壤的表面弄平整。接著以中指在土壤表層劃線，作出一條深約0.5cm至1cm的溝痕。

2 須避免種子重疊，並將種子逐一撒入溝痕裡。以姆指與食指抓著數顆種子，一邊捻手指，一邊均一地撒入即可。

3 撒完種子後，以捏合兩邊溝痕般的方式，將泥土覆蓋，再以手輕壓，使種子與泥土緊密貼合。

4 以附有細目灑水頭的灑水器澆水，直至水從盆器底部滲出的程度。

點狀播種

事先區隔出植株必要的間距，
每處約撒入三顆至四顆的種子。
適用於需要寬廣植株間距的蔬菜，
或長得高的蔬菜。

1 放入培養土至距盆器邊緣約2cm至4cm下方的位置，並將土壤的表面弄平整。接著保持適當的間距，以保特瓶蓋子或底部按壓，作出深約0.5cm至1cm的凹洞。

2 於每個凹洞裡撒入3顆至5顆的種子。（依蔬菜種類，撒入的種子數量也會不相同）

3 於種子上覆蓋泥土，再以手輕壓，使種子與泥土緊密貼合。

4 以附有細目灑水頭的灑水器澆水，直至水從盆器底部滲出的程度。

小塑膠盆播種

將可直接播種，但發芽後很難管理的蔬菜，
先栽種於小塑膠盆內，
直至長成幼苗，再移植到盆器裡。
想栽培出不易取得的珍貴品種時，
一定要試著挑戰看看此作法。

1 將培養土充分地放入口徑9cm的小塑膠盆（3號盆）裡，並於中央挖出深約0.5cm至1cm的凹洞，再將種子撒入凹洞內。
2 將周邊的土壤覆蓋於種子上，再以手輕壓，使種子與泥土緊密貼合。
3 以附有細目灑水頭的灑水器澆水，直至水從盆器底部滲出的程度。含水的土壤會自然形成適當的高度。
4 請於日照良好的場所進行管理。若須保溫或須避免鴿子等啄食種子時，可蓋上切成一半的保特瓶。但為了避免過於悶熱，一定要拿掉保特瓶的蓋子。

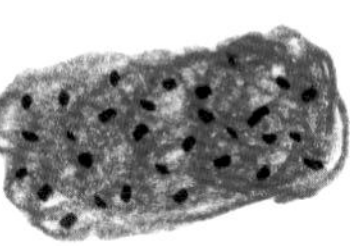

散撒播種

於土壤表面散撒上種子。
適用於貝比生菜等，
不需要間疏的蔬菜。

1 放入培養土至距盆器邊緣約2cm至4cm下方的位置，並整平土壤的表面。
2 須避免種子重疊，並將種子撒入整個盆器裡。以姆指與食指抓著數顆種子，一邊捻手指，一邊均一地撒入即可。
3 於種子上方均一且薄薄地覆蓋上一層泥土。
4 以附有細目灑水頭的灑水器澆水，直至水從盆器底部滲出的程度。

從幼苗開始栽培

若選擇優良的幼苗進行培育，不僅之後的生長會很順利，也能期待豐碩的收穫成果。請購入充滿活力且健康的幼苗，並開始栽培吧！

大多數的蔬菜都能從種子開始栽培 但有時從幼苗入手較為方便

大部分的蔬菜都能從種子開始栽培，但番茄、茄子等育苗（播撒種子後，培養至適合種植的大型幼苗）期間長的蔬菜，就要花費較多的工夫。若只想種植幾株，利用市售的幼苗會較為方便，也比較不容易失敗。高麗菜、綠花椰菜等單株需要成長空間的蔬菜，也建議從幼苗開始栽培。

分辨優良幼苗的方法

優良的幼苗不僅葉與葉的間距具有均一性，且植莖粗大、葉子的顏色亦深濃有厚度。請避免購入成長緩慢，且外表細長的幼苗。若能在值得信賴的店舖內購買，即能安心許多。

幼苗會在適合的栽種期大量上市

幼苗大量出現在園藝店時期，基本上就是該蔬菜的最佳栽種時機。請不要錯過這個機會，盡情地培育喜歡的幼苗吧！

但有一點需要特別注意，有部分夏天蔬菜的幼苗會提早上市，因此事先確認適合的栽種時期相當重要。

何謂根部土球？

植物的根與其周邊的土壤形成一個花缽形塊狀就是根部土球。為了避免傷到植物的根，通常不會弄散根部土球，而是選擇直接栽種。

不論種子或幼苗都容易栽培的蔬菜

毛豆、青江菜、秋葵、紫蘇、葉萵苣（leaf lettuce）等蔬菜，都能從種子進行簡單地栽培。

但其幼苗在適合的時期會大量上市，若利用幼苗栽培，會比播種更為輕鬆。

幼苗的栽種

一般而言，在幼苗大量上市的時期，即是栽種該蔬菜的適當時機。但有時溫室培育的幼苗會比適當栽種期更早陳列於店面上，因此一定要先確認栽培日誌上的種植時期後，再進行栽種。

1 將盆底網鋪在盆器的底穴上，上面放入盆底石（或大顆的赤玉土）至看不見底部的程度。標準是放至距盆邊約2cm至4cm下方的位置，接著上面再放入培養土。

2 將土壤的表面弄平整後，挖出與塑膠盆同樣大小及深度的洞穴。

3 請注意不要弄散根部土球，直接從塑膠盆中取出幼苗，並快速地放入洞穴中。此時重點在於將根部附近的泥土稍微鋪高一點，切勿弄得太深或太淺。

4 請於幼苗的周邊充分澆水，切勿直接澆在幼苗上。

澆水是最重要的步驟
澆太多或太少都不行

於盆器中栽培蔬菜成功與否的關鍵，就在於澆水的步驟上。雖然乾燥是植物的大敵，但令人意外的是，因澆水過多而失敗的例子也很多，所以必須注意澆水的時機和次數。當土壤的表面變乾時，適合在中午前澆水。而在氣溫高的夏天，就得在泥土溫度上升前的早上進行。澆水的訣竅就在於，澆溉的水分得充分至能從盆底穴滲漏出來的程度。倘若到了午後土壤表面又變得乾燥，就得再次澆水。不過請避免盆器一直處於潮濕的狀態，因為這是引起根部腐爛的原因。

盆器挑選法

考慮到栽培場所的空間，及培育蔬菜後植株最終的大小與數量，以此決定盆器的容量。

便於栽培一株

深度約30cm的大型圓形盆器適合用來栽培小番茄等，種植一株就能不斷長出果實的蔬菜。淺碗形的盆器則適合根部不會長得太深的蔬菜。

橫長形

便於同時栽培多株

橫長形的盆器，一般被稱為「planter」或花槽，適合將種子撒成壽司狀（一直線上）後，一邊進行間疏（拔掉長得不好的幼苗，與一旁的植株空出間距）一邊栽培的蔬菜，及需要有寬廣間距（植株與植株的距離）的蔬菜。

標準尺寸為何？

標準尺寸長約65cm、寬約22cm、高約18 cm，容量大概是14L。此外，還有蔬菜專用的盆器，及寬度更寬的類型或深度約30cm的深型款，甚至也有容量達50L的盆器。請依照放入泥土後，能自力搬得動的尺寸作選擇。

適用各種蔬菜的大小盆器

小型盆器

若盆器容量達8L以上、深度10cm以上，就能培育小蘿蔔等栽培期間較短的蔬菜，或芹菜等植株不會長得太高大的蔬菜。

小蘿蔔、貝比生菜等，使用這個就OK！

中型盆器

容量12L以上的標準尺寸盆器，可栽培大部分的蔬菜。小番茄等需要立長支柱的蔬菜，就得準備深度達30cm的盆器。

也可以種小松菜、菠菜及迷你胡蘿蔔等喔！

大型盆器

容量25L以上的大型盆器，適合栽種苦瓜（bitter gourd）等藤蔓伸展得很長的蔬菜、需要深度的蔬菜及栽培期間長的蔬菜。

要特別注意！若沒作好準備就抬起盆器，有可能會傷到腰。

市售盆器的創意點子

近年來市售的盆器，有許多充滿巧思的創意產品，例如：「容易立支柱」、「方便掛蔓性植物用的網子」等，不但具備機能性，且材質及外觀都很優秀。

▼固定支柱的金屬釦是重點

使用能順利將盆器與支柱固定住的專用金屬釦，就不會傷到植物的莖和枝條。

◀底部的排水孔◎

由於條狀的排水位置高，盆底不容易積水，適合根部很深的根菜類。

附格狀物網目的盆器▼

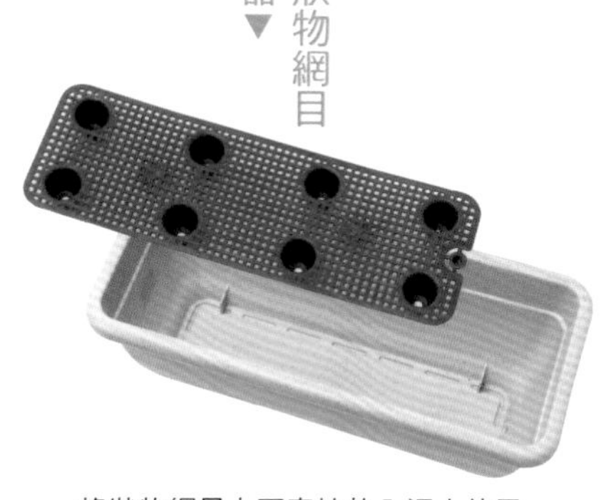

格狀物網目上可直接放入泥土使用。但在澆水時，比格狀物網目還細的泥土會往下掉，因此泥土的量會逐漸減少。不過由於排水及透氣性佳，能提供蔬菜良好的生長環境。

▶外觀顯得相當清爽的Garden panel

能遮住培養土包裝袋的面板。將支柱插入四角的孔洞中，就能將面板連結於一體。可栽培蔓藤植物。

◀將專用培養土作為盆器使用

直接將幼苗種植在栽培番茄用的品牌培養土的袋子內，作為花盆使用。若立起支柱，可讓袋子更加穩固。

盆器的好處

塑膠材質盆器
質輕又堅固

塑膠材質的盆器，質輕又方便搬運。此外，耐衝擊力強，價格便宜且尺寸豐富。雖然欠缺透氣性，但土壤變乾的速度比素燒的赤土陶器慢，所以澆水的次數也比較少。因附有格狀物網目，不需要特地購買盆底石，且有的盆器還設有立支柱的孔洞等，種種的精心設計很適合用來栽種蔬菜。使用大型盆器時，就移動的方便性而言，相當推薦使用材質較輕的塑膠製品。

可移動的迷你菜園

就算是陽臺、露臺的角落等，只要有稍微向陽且可放置盆器的空間，就能栽種蔬菜。由於在植物的生長期間能隨時更動位置，所以既能在颱風來時避災，也能輕鬆移到日照良好的場所。

每天注視著蔬菜成長的模樣也是一種醍醐味

由於每天待在蔬菜的身邊觀察，因此能掌握採摘的適當時機。

品味「最美味的時刻」「剛採收」的鮮美！

不論是要等待完全成熟的蔬菜或趁鮮嫩時採摘的蔬菜，都要算準適合的時機才能收穫。蔬菜的鮮度，從收穫的瞬間就開始流失，但若在自家栽種蔬菜，就能在採摘後直接拿到廚房烹煮。

赤土陶器

外表十分漂亮！

赤土陶器是以黏土燒成的西式素燒花盆。具備透氣性良好，且款式眾多的特性。但大型尺寸的赤土陶器只要裝入泥土後就會變得很沉重，不方便移動，所以不適合放在陽臺。

利用優質的培養土可節省不少時間

利用市售的蔬菜用培養土，就能節省整土的步驟，直接進行栽培。培養土內也含有初期生長必需的肥料，可謂相當方便。

Point

特別注意！

由於盆器盛裝泥土的容量有限，須特別注意土壤水分含量的多寡。一旦泥土表面變乾，基本上就要給予會從盆器底穴滲漏出來程度的水分。但倘若水分給太多，會造成根部腐壞。

只要能排水，任何容器都能用來栽種蔬菜

只要開個排水用的底穴，就算是馬口鐵桶、裝酒木桶等，任何喜歡的容器都能用來栽種蔬菜。但金屬製容器的透氣性差，所以在炎熱的時期容易提升溫度，須特別留意。而木箱等木製的盆器，由於透氣性良好且具天然氛圍，相當受到大眾歡迎，不過缺點是容易腐壞（可參考P.76）。

還可以準備這些工具！

以下將介紹盆器栽培上必備的園藝工具&材料。

支柱

聚氯乙烯（vinyl）塗層的支柱會比竹製的使用上更加方便。可配合蔬菜的種類，選擇粗細和長度。

園藝網

栽種苦瓜、小黃瓜等蔓性蔬菜時，若是能架設約10cm網孔的園藝網，會比較方便。

防蟲網

為了達到防蟲、禦寒的效果，以網子覆蓋住整個花盆，不要留下任何的空隙。也可以使用寒冷紗取代防蟲網。

繩子

使用於將枝條或莖誘導到支柱上時。自然素材風格的繩子深受歡迎。

束線帶

可簡單地將蔬菜固定在支柱、網子上，是相當便利的工具。

灑水器

尖端出水部分（也稱為灑水頭）的細目要細，若是能更換灑水頭的款式更佳。

剪刀

選擇剛好能以手握住的尺寸。除了可當園藝用剪刀之外，也可作為廚房剪刀和工作用剪刀。

塑膠盆

使用於育苗或插枝等。一般是直徑9cm至10.5cm的大小。

園藝名牌

可用來填寫品種的名稱。若有記錄播種日期的空位，使用上會更加方便。

從春・夏開始

此處介紹從播種、種植直至收穫為止，須花1個月至3.5個月的春夏蔬菜。

即使失敗也沒關係，還有挑戰的機會！

栽培日誌──春・夏

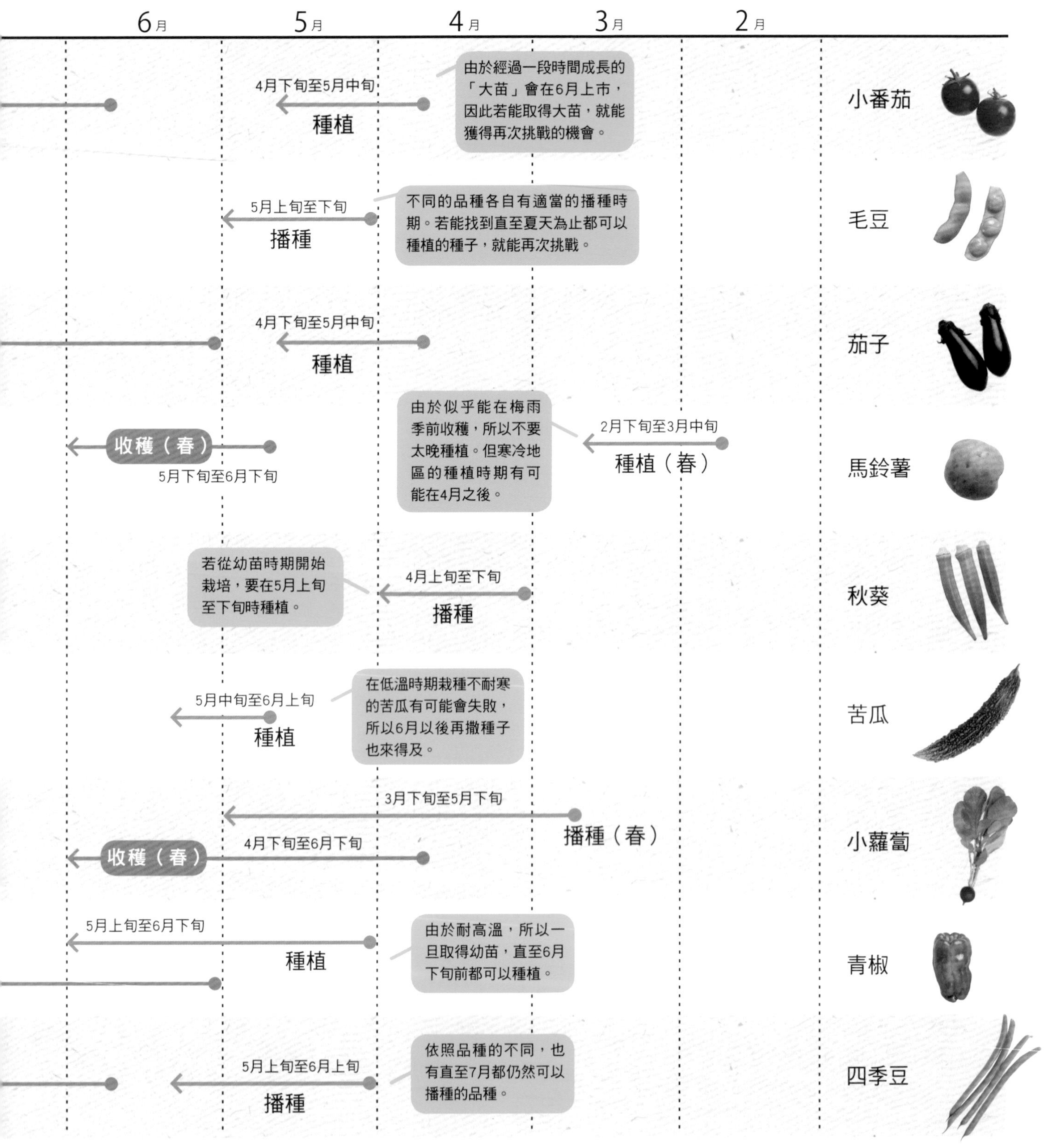

6月
5月
4月
3月
2月
小番茄
4月下旬至5月中旬
種植
由於經過一段時間成長的「大苗」會在6月上市，因此若能取得大苗，就能獲得再次挑戰的機會。
毛豆
5月上旬至下旬
播種
不同的品種各自有適當的播種時期。若能找到直至夏天為止都可以種植的種子，就能再次挑戰。
茄子
4月下旬至5月中旬
種植
馬鈴薯
2月下旬至3月中旬
種植（春）
由於似乎能在梅雨季前收穫，所以不要太晚種植。但寒冷地區的種植時期有可能在4月之後。
收穫（春）
5月下旬至6月下旬
秋葵
4月上旬至下旬
播種
若從幼苗時期開始栽培，要在5月上旬至下旬時種植。
苦瓜
5月中旬至6月上旬
種植
在低溫時期栽種不耐寒的苦瓜有可能會失敗，所以6月以後再撒種子也來得及。
小蘿蔔
3月下旬至5月下旬
播種（春）
4月下旬至6月下旬
收穫（春）
青椒
5月上旬至6月下旬
種植
由於耐高溫，所以一旦取得幼苗，直至6月下旬前都可以種植。
四季豆
5月上旬至6月上旬
播種
依照品種的不同，也有直至7月都仍然可以播種的品種。

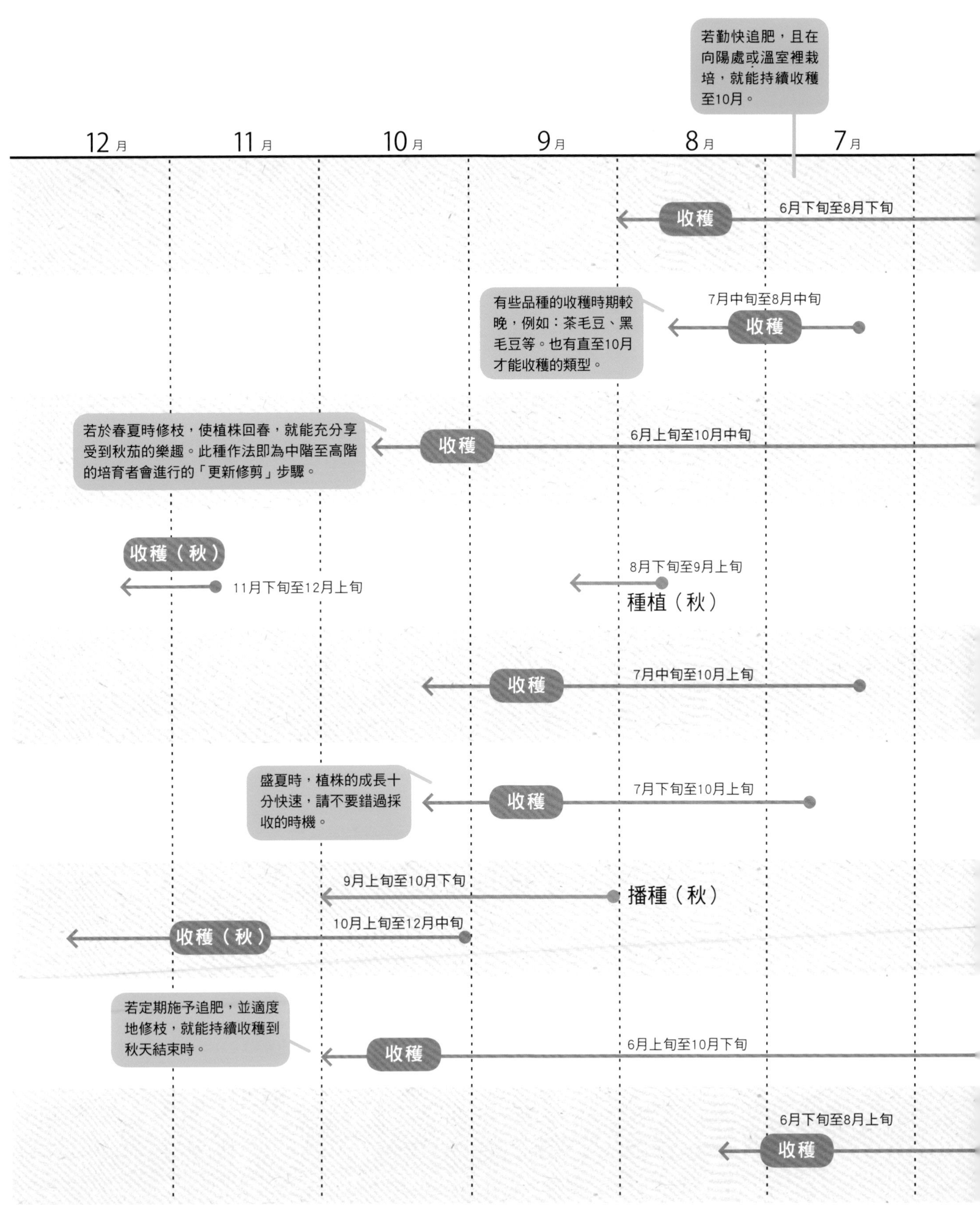

若勤快追肥，且在向陽處或溫室裡栽培，就能持續收穫至10月。
12月
11月
10月
9月
8月
7月
收穫
6月下旬至8月下旬
有些品種的收穫時期較晚，例如：茶毛豆、黑毛豆等。也有直至10月才能收穫的類型。
7月中旬至8月中旬
收穫
若於春夏時修枝，使植株回春，就能充分享受到秋茄的樂趣。此種作法即為中階至高階的培育者會進行的「更新修剪」步驟。
收穫
6月上旬至10月中旬
收穫（秋）
11月下旬至12月上旬
8月下旬至9月上旬
種植（秋）
收穫
7月中旬至10月上旬
盛夏時，植株的成長十分快速，請不要錯過採收的時機。
收穫
7月下旬至10月上旬
9月上旬至10月下旬
播種（秋）
收穫（秋）
10月上旬至12月中旬
若定期施予追肥，並適度地修枝，就能持續收穫到秋天結束時。
收穫
6月上旬至10月下旬
6月下旬至8月上旬
收穫

小番茄

家庭菜園的象徵代表就是成熟變紅的小番茄

小番茄除了深受大眾喜愛，且具有極高的人氣之外，也比大型番茄容易栽培。此外，小番茄還含有豐富的紅色色素成分「茄紅素（lycopene）」，吃起來既美味又健康，外觀也相當引人注目。不僅具有培育的價值，也是家庭菜園中不可欠缺的蔬菜之一。

果實結成串，且靠近莖處或尖端的色澤相當鮮豔。小番茄的品種是「Twinkle」，中型番茄則是「Little Summer Kiss」。

有益身體健康 且營養成分豐富

番茄紅色的主要成分，就是具強烈抗氧化作用的茄紅素。此外，還有能在體內轉換成維生素A的β胡蘿蔔素、維生素C、鉀、芸香苷（rutin）與維生素B等眾多營養成分，且小番茄所含的營養成分遠比大型番茄多。

採收完熟的果實 其美味的滋味 正是栽培番茄的樂趣

番茄就算採摘時尚未完全成熟，但只要放在20℃以上的環境，還是會逐漸變紅，不過在枝葉上完全成熟的營養價值更高。請確認連花萼基部都帶紅色後，再進行採收，採摘的果實能立刻吃進嘴裡，這也是親自栽培的人可以享有的特級美味。

成串的果實 形成可愛鈴鐺狀

一口大小的果實，結實成串，且逐漸地染上紅色的模樣，顯得非常可愛。

只要放置在日照良好的場所 幼苗的培育就會變得很簡單

番茄非常喜歡陽光，若是放置於日照不足之處，結實的情況較為不佳，因此請在日照良好的場所栽培吧！此外，從種子開始培養，既耗時又費工夫，倘若利用市售的幼苗進行培育，較為輕鬆。只需種植1株至2株的小番茄，即可充分享受收穫的樂趣。

所謂的疫苗（vaccine）是指？

為了對抗番茄大敵「花葉病（mosaic disease）」、「萎凋病（Fusarium wilt of tomato）」，市面上有販售已經接種疫苗的番茄幼苗。雖然價格比較貴，但能放心栽種，因此極力推薦種植此幼苗。

訣竅是 以除芽和誘導的方式 控制番茄成長

小番茄的成長旺盛，主枝（相當於人的脊椎骨）向上生長的同時，一片片葉子的基部也會長出嫩芽，若是放著不管，很快地就會只冒枝葉，而使養分平白無故地浪費掉。為了讓營養有效率地輸送到花和果實上，得定時摘除側芽，且只引導主枝向上生長。

4月下旬～5月中旬

種植本葉7片至8片的幼苗

請準備已長出本葉7片至8片，且健康狀況良好的幼苗，注意不要弄散根部土球，將幼苗的植株基部夾在手指之間，倒過來後從小塑膠盆中取出。接著於盆器中央挖個洞穴後放入幼苗，並在根部土球上薄薄地覆蓋上一層泥土，最後將植株基部的泥土輕輕地壓實。

※從種子開始栽培時，請參考P.11的小塑膠盆播種專欄。

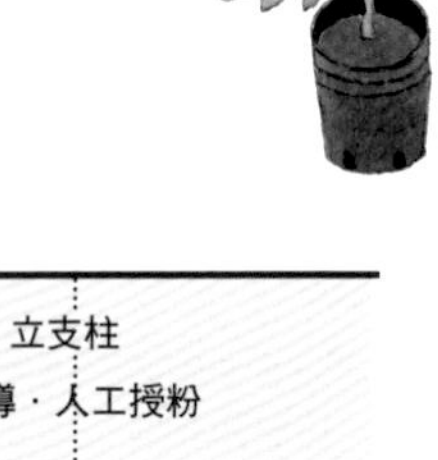

4月下旬～5月中旬

沿著主枝豎立支柱

種植後，離植株3cm至4cm處，沿著主枝豎立一根約150cm的支柱，並將主枝誘導到支柱（以繩子綑綁）上。此時，為了避免傷到枝幹，可將繩子打8字結（參考P.27），訣竅在於要預留點空間，不要綁得太緊。接著澆水澆至水會從盆底滲漏出來的程度即可。

Point

紙燈籠形的支柱也OK

利用市售的紙燈籠形支柱，或參考下方圖片親手豎立紙燈籠型支柱法，將主枝由外側引導，使其攀爬呈螺旋狀。就算超過支柱的高度，也會整體往下垂墜地生長，所以只要植株能伸展就讓它盡情地伸展。

手工豎立紙燈籠形支柱法

將3根至4根高達150cm的支柱，等距地立在盆器的邊緣上，並將繩子水平地繞幾圈固定。當主枝伸展後，就將它由支柱的外側往上圈捲起，誘導成螺旋狀。

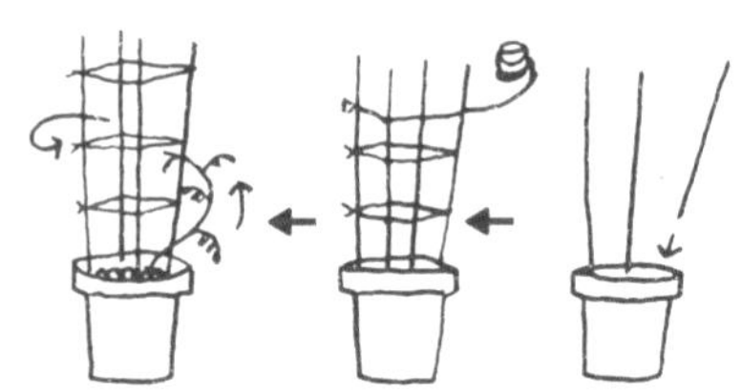

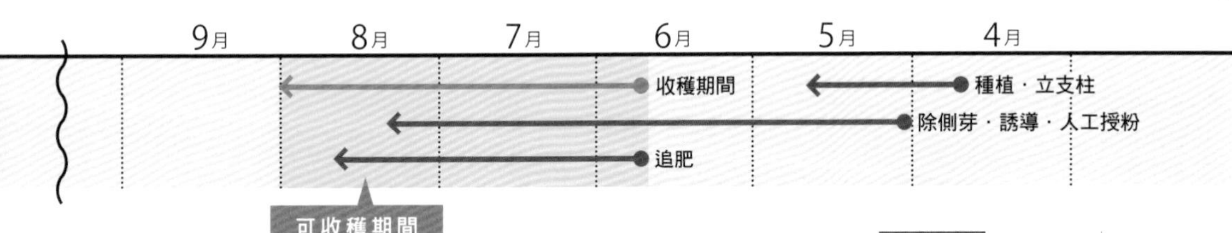

5月上旬～8月上旬

勤快地拔除側芽和誘導

隨著植株的成長，會不斷地冒出側芽，趁側芽還小時，順手摘除，不僅可防止養分分散，也有助於主枝的生長。請將向上伸展的主枝，隨時誘導到支柱上。當主枝伸展到支柱的上部時，就將尖端的葉子摘掉，只留下花房上的2片至3片葉子來抑制成長，並促進果實的飽滿。

側芽

準備

準備容量12L以上的盆器

由於要立支柱，需要約30cm的深度，因此準備容量較大的盆器會較為方便。將盆底網覆蓋在底穴上，並於底部鋪上一層盆底石（大顆的赤玉土等）後放入培養土，請記得留出距盆器邊緣2cm至4cm的water space（盆裡泥土的表面到花盆邊緣的空間。為了在澆水時，讓水能自然地滲入土壤中。）若盆底已設有格狀物時，就不需要盆底網和盆底石。

盆底網　盆底石　培養土

5月上旬～8月上旬

為了能確實結果須進行人工授粉

當花蕾長出來時，要輕搖花朵，進行人工授粉。以2天至3天授粉1次為基準。

6月下旬～8月下旬

從變紅成熟的果實開始採收

從變紅成熟的果實開始採收。採收完畢後，花萼下的葉子會變黃，若將這些葉子摘除後，植株基部的通風就會變好，也能預防疾病的出現。

11月	10月

6月下旬～8月下旬

從收穫開始每隔3週至4週進行追肥

當最先長出的果實開始收穫後，就要進行追肥（補充肥料）。每株都抓兩撮（6g程度）的化學肥料撒在植株的周邊，並以手指稍微撥鬆泥土，使肥料能融入其中。此後每隔3週至4週都要追肥1次。

蚜蟲對策

蚜蟲是附著在新芽和葉子上吸食汁液的小型害蟲。若出現的數量逐步增加，不但會弱化整個植株，也會波及到其他蔬菜，使災害擴大。所以一旦發現蚜蟲，請使用膠帶沾黏，儘早清除完畢。此外，若於早期發現白粉病（powdery mildew）等疾病，可摘除生病的葉子以控制受害程度。

誘導時要打8字結

為了避免莖與支柱太過緊密，可使用能預留些許空間的8字結，以免傷害植株。

番茄的澆水重點

培育新手通常會出現過於勤勞澆水的情況，進而引發「根部腐壞」問題。其實番茄本身頗耐乾燥，當葉子呈現有點乾癟的狀態時，才需要澆水。因此只有盛夏時，才需勤快地澆水。

大型

若將大型番茄與小番茄、中型番茄相比，
較難培育成功，
因此收穫時會獲得更多的喜悅。

番茄品種

Home桃太郎EX

「桃太郎」家庭菜園用品種。很耐斑葉病，且容易種植。最適合夏秋的露地栽培。
取得方式：種子

麗夏

因生長旺盛很難裂果，是鮮味、甜味及酸味皆十分均衡的番茄。
取得方式：種子、幼苗

義大利番茄Fiorentino

義大利托斯卡納地區的品種，也稱為「Pleated tomato」，外表上的皺褶是其主要特徵。因具水果風味，不論生吃或加熱後再食用都很美味。
取得方式：種子

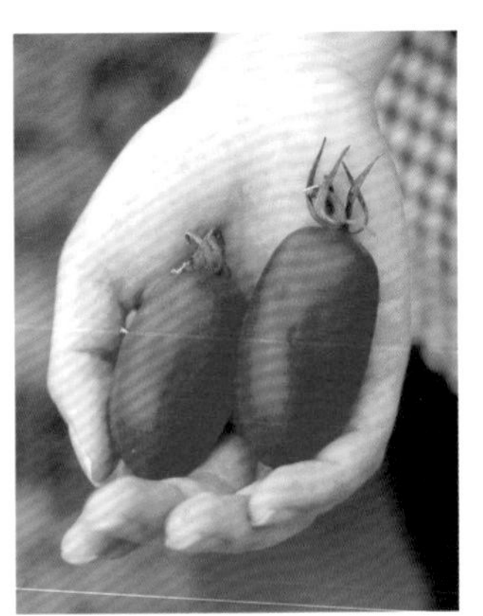

調理用品種
Italian Red

加熱後果肉不容易煮散，是鮮味強的品種。由於容易栽培，經常結實纍纍。
取得方式：幼苗

桃太郎Gold

「桃太郎」的橙黃色品種。甜味與酸味皆十分均衡，具有容易被身體吸收的cis型茄紅素。
取得方式：種子

中型

介於大型番茄與小番茄中間尺寸的就是中型番茄。不僅容易栽種也方便食用，相當推薦新手栽培。

Sicilian Rouge

比粉系的大型番茄表皮更鮮嫩，且含有8倍的茄紅素，及6倍多的膠原蛋白主要成分脯氨酸（Proline），因此被稱為「美肌番茄」。
取得方式：種子・幼苗

Fruit Gold GABA RICH

橘色的中型番茄，其主要特徵是糖度高，且具滑嫩的果肉。氨基酸之一的「GABA」含量約為一般番茄的兩倍。
取得方式：幼苗

Little Summer Kiss

經常結實纍纍，一串會有10顆至15顆番茄。糖度高，連新手也能輕鬆栽培。
取得方式：幼苗

Cindy Sweet

一串會長10顆至15顆果實。除了顏色鮮豔之外，甜味和酸味皆十分均衡，對疾病也有很強的抵抗力。
取得方式：種子・幼苗

Rubino

充滿鮮味的李子形果實，結實會呈現鈴鐺狀，是容易栽種的品種。
取得方式：幼苗

Frutica

主要特點是皮薄、不容易殘留在口中。糖度高，是對疾病抵抗力強的品種。
取得方式：種子

Cindy Orange

甜味強，如同水果般口感的橘色番茄。由於果實的裂紋少，可以成串收穫。
取得方式：種子・幼苗

Fruit Ruby EX

擁有穩定的高糖度，是相當美味的紅色中型番茄。主要特徵為食用時的口感飽滿，及如同水果般甘甜的風味。
取得方式：幼苗

小番茄

約20g至30g的小型果實，
於收穫期時會呈現一串串的模樣，
非常容易栽培，很適合第一次種植番茄的你。

千果

占日本全國產地半數以上的人氣品種。具漂亮的紅色球形且富有光澤，口感極佳。
取得方式：種子

Piccola Canaria

充滿β胡蘿蔔素的橘色品種。如同水果般，令人想當作點心享用的高糖度番茄。
取得方式：種子．幼苗

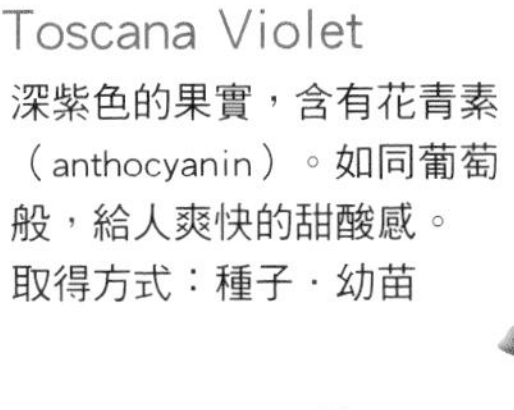

Toscana Violet

深紫色的果實，含有花青素（anthocyanin）。如同葡萄般，給人爽快的甜酸感。
取得方式：種子．幼苗

Tomato Berry Garden

有著可愛心形外觀的小番茄。就算討厭吃番茄的小孩，也會被它的外表所吸引，進而不知不覺地吃下肚，甜甜的滋味令人不禁露出微笑。
取得方式：幼苗

Orange Carol

橘色、果肉厚的小番茄，結實呈鈴鐺狀。由於收穫期時會結實纍纍，且容易栽種，所以相當適合家庭菜園。不只甜味強，保存性也很好。

Gamba

對疾病抵抗力強，即使種植在陽臺裡，植株也會結滿果實，採收量相當大。因果肉充滿膠質，具有水果的甘甜。
取得方式：幼苗

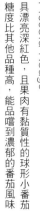

Piccola Rouge

具漂亮深紅色，且果肉有黏質性的球形小番茄。糖度比其他品種高，能品嚐到濃郁的番茄風味。
取得方式：種子．幼苗

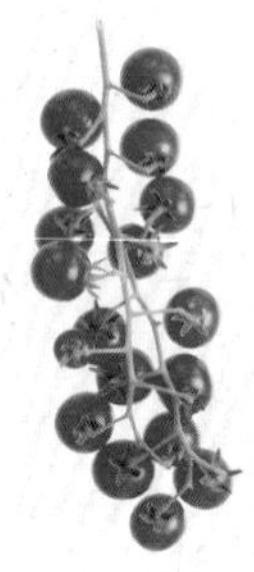

超迷你番茄

直徑約1cm的極小型番茄，可作成醬汁或當成裝飾使用。分類上是番茄的同類。各種苗公司都有販售其種子與幼苗。

Pure Sweet Mini

呈李子狀，是口感扎實且富彈性的小番茄。所含的鮮味成分穀胺酸（glutamic acid） 是其他品種的兩倍以上，糖度也高，可享受如同吃水果般的樂趣。
取得方式：幼苗

Candlelight

明亮橘色的縱長形小番茄。果肉結實，具獨特的口感。當完全成熟時，甜味會倍增。
取得方式：種子・幼苗

Fruit Garnet

滋味甘甜，且外皮不容易殘留在口中的紅色小番茄，口感極佳。栽培中很少產生果實裂紋，相當推薦新手栽種。此外，最適合在陽臺栽培。
取得方式：幼苗

Amy

紅色、長圓形的小番茄。含很多鮮味成分的氨基酸，酸味與甜味皆十分均衡，可享受到濃厚的風味。
取得方式：幼苗

Aiko

具有甜味且風味濃郁，被評價為容易食用的品種。可愛的李子形果實很受歡迎。
取得方式：種子・幼苗

Karo

橘色、圓形的小番茄。在高溫期時會有難以成熟變色的情況。含豐富的β胡蘿蔔素，且具有水果的甜味。
取得方式：幼苗

除了市面所見的品種之外 新品種也不斷地誕生

小番茄給人的印象就是純紅色的圓形果實。但近年來，李子形的也很常見，也有出現下半身圓滾的西洋梨形、可愛的心形等。顏色也不僅限於紅色，還有鮮豔的黃色、橘色，及淡粉紅色。此外，小番茄一般都是長到將近2m高的品種，但現在也出現不需要支柱、適合盆器栽培的小型品種，及方便陽臺栽培且高度約1m的品種等，樹形既多樣又豐富。

Sweet Ruby

深紅色，且能培育成1顆25g至30g大小的小番茄，具有濃郁的口感。由於具綜合抗蟲性，所以容易栽培。
取得方式：種子・幼苗

番茄具有獨特的味道

各種大小、形狀的番茄陳列在蔬果的賣場上。

若想製作沙拉可使用我們熟知的大型番茄；外表紅色稍淡的品種，則被稱為粉紅系番茄；外表紅色稍深的就是被稱為中型番茄，或小型的小番茄。番茄因味道濃郁、紅色色素中含有茄紅素成分，及具強烈抗氧化作用，而備受注目。

若想打成果汁，建議不要使用生吃的品種，而是改用調理用的品種。這種調理用品種經過水煮後，就能作成整顆的番茄罐頭（whole tomatoes）。只要將番茄燜煮後，即可作出色澤鮮豔的番茄汁。

活用各種特徵的調理方法，能讓番茄變得更好吃。

在番茄成為人氣王之前

番茄是世界中最常被食用的蔬果之一。最近日本栽培出許多新品種，每天的餐桌上幾乎都能見到它的身影，真是令人驚喜連連的食材。

番茄源產自南美的安地斯高原。由於日夜有溫差，且雨量少，所以高原上的土地較為乾燥，番茄非常喜歡這種氣候。

16世紀，番茄經由墨西哥被帶往歐洲。由於長得像有毒植物，所以有段時間乏人問津，直到18世紀，才終於在義大利發展成為食用植物。

傳到日本是在17世紀後半（江戶時代．寬文年間），但據說當時只是純粹觀賞用的植物。直至明治時期以後才成為食用蔬菜，而廣泛為大眾所食用則是在昭和時期以後的事情。

這時候該怎麼辦？

Q&A

Q 自家栽種的番茄外皮比市售的硬？

A 市售的番茄多半是比自家栽培的番茄外皮柔軟的品種。相較之下，適合家庭菜園的番茄就是皮厚，且具耐久性的優良品種。

Q 番茄皮上為什麼會有裂紋呢？

A 當天氣持續乾燥好幾天後，一旦下雨，只要番茄果實淋到雨，表皮就會出現裂開的情形。由於從根部吸收的水分急劇增加，導致果實膨脹，表皮會裂開。因此當快要下雨時，就儘早採收，或改變放置盆器的場所，不要淋到雨即可。

美味的徵兆

整顆變成紅色、花萼往上翹時最好吃。

保存方法

番茄若是冷藏太久，風味就會變差，因此除了盛夏之外，不要放在冰箱裡，擺放在陰涼處即可。但吃不完時，可以選擇冷凍保存，小番茄需要整顆冷凍。此外，只要將番茄浸泡在水裡，就能迅速地去皮。若將大型番茄切碎後冷凍，則可用來製作醬料等。

這是鮮味的來源，請不要丟棄，可利用它作成醬汁等。

番茄的鮮味來自哪裡？

在番茄種子周邊的膠質部分，含有更多的鮮味。其成分就是氨基酸之一的穀胺酸，和昆布的鮮味相同。所以番茄被稱為蔬菜的同時，也可視為調味料之一。

毛豆

剛採收的果實特別美味
其香氣與甘甜滋味
令人難以忘懷

新鮮是毛豆美味的關鍵。若家庭菜園與廚房相連，只要一採收就能立即調理，可品嚐到獨特的新鮮風味。若將種子分成好幾次慢慢地播種，整個夏天都能享受到新鮮採摘的毛豆滋味呢！

圖中為白毛且豆莢大的一般品種。是從播種到收穫期需約85天的早生種。

適合新手栽培的品種

能在短期間內收穫的早生種，很適合新手栽種。推薦挑選在種子包裝上寫有「豆莢適應性佳」、「收穫量多」等標示的品種。

加熱後保存

毛豆在收穫後也能保持旺盛的生命力，因此採收後風味急速變差的原因，就是蓄積的糖分被呼吸消耗掉了。當無法立刻吃完時，請烹煮得硬一點，並在放涼後直接冷凍保存吧！

剛採摘的果實風味絕佳！

只要品嚐過一次剛採摘的毛豆風味，其新鮮甘甜的滋味與香氣，不僅讓人難以忘懷，還會期盼下個採收季的到來。請注意毛豆收穫後要儘早食用，以免美味流失。當毛豆採摘後，就立刻汆燙食用，是最美味的吃法。

日照充足就會結實纍纍

盡量種植在日照充足的場所，是栽種毛豆的第一步。讓毛豆沐浴在初夏的陽光下，就能期待豐碩的收穫。

營養滿點！

毛豆含有很多的蛋白質，有助於降低血中的膽固醇。此外，它所含的具預防貧血效果的葉酸等維生素類成分也很豐富。

選擇茶毛豆、黑毛豆的品種進行栽培也很有趣

出浴少女

含有許多會影響風味好壞的蔗糖，具有茶毛豆特有的芳香。有3顆裝、少碎渣的多收穫品種。

取得方式：種子

快豆黑頭巾

具黑毛豆特有的香濃、甜味鮮明。播種後約80天就能收穫，因植株不高且結實纍纍，很適合家庭菜園。

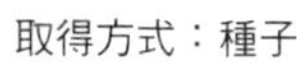

取得方式：種子

夏天的旋律

深綠色、具大豆莢的茶毛豆豐收品種。香氣及風味都很迷人，適合撒在家庭菜園的露地上栽種。

取得方式：種子

御綱姬

具茶毛豆風味的甘甜與芳香的白毛品種毛豆。播種後約80天就能收穫的早生品種。豆莢也長得很茂盛。

取得方式：種子

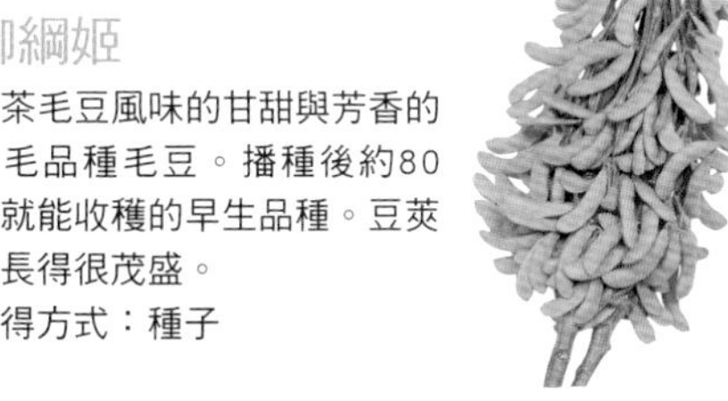

莢音

由於植株高度迷你且結實纍纍，適合栽種在盆器裡。果實不僅大顆，還非常甘甜且具嚼勁。

取得方式：種子

5月上旬～下旬

植株間距15cm，使用點狀播種

每間隔15cm，挖出直徑約5cm、深1cm的播種穴，分別在每一處撒入3顆至4顆種子（這稱為「點狀播種」），避免種子重疊。接著將周邊的泥土聚攏，輕輕地覆蓋住種子，最後澆入能讓泥土保持濕潤的水分。但若是水澆得太多，毛豆種子發芽的情況就會變差。等種子發芽後，適度地澆水即可。

也可從市售的幼苗開始種植（參考P.14）。

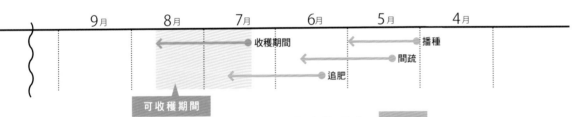

Point

以保特瓶保護至發芽階段 以免鳥類啄食

豆類的種子與雙葉是鴿子等鳥類喜歡吃的食物。直到長出本葉為止，有必要採取防鳥對策。可使用切半的保特瓶覆蓋，或以市售的防蟲網等遮蓋住整個盆器，直至長出本葉為止。5月的光照格外強烈，因此要取下保特瓶的蓋子，並注意高溫和土壤水分的蒸發。

為了接收陽光的照射 植株的間距寬度是重點

生長期間，葉子會混在一起，除了遮住陽光之外，還會導致果實生長情況不佳。因此，可事先將植株間距保持在約15cm的寬度，進行點狀播種。

播種之後 要間疏一次、追肥一次

栽培毛豆不需要花費太多工夫，屬於很少種植失敗的蔬菜，只需要追肥一次即可。若是肥料施加太多，反而會導致葉子生長茂盛，卻不容易結果實。

9月　8月　7月　6月　5月　4月

播種
間疏
追肥
收穫期間

可收穫期間

5月中旬～6月中旬

本葉長出2片至3片時 間疏幼苗成2株

每一個播種穴，只留下生長良好的植株，間疏成2株。其他植株則以剪刀從植株基部剪除。由於2株植株會互相支撐成長，所以不需要支柱。

準備

準備容量12L以上的盆器

只要深度有15cm就OK。以標準的盆器栽培，將盆底網覆蓋在盆器的底穴上，並於底部鋪上一層盆底石（大顆的赤玉土等）後放入培養土，留出距盆器邊緣2cm至4cm的water space。但盆底已設有格狀物時，就不需要盆底網和盆底石。

盆底網　盆底石

培養土

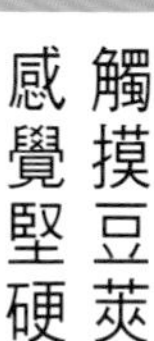

6月中旬～7月中旬

第一次開花後就進行追肥

追肥只要一次。每2株植株就抓一撮化學肥料（3g左右）撒在植株的周邊。若施予這份量以上的肥料，會造成枝葉茂盛，但很難結果實，請特別留意。追肥後，以手指將泥土淺淺地撥鬆，使肥料能充分滲入。

11月　10月

7月中旬～8月中旬

觸摸豆莢感覺堅硬時即可採收

試著以手壓一壓豆莢，若變硬時就是適當的收穫時機。可連同植株一起拔除，或從植株基部切斷採收。倘若採收太慢，豆子就會變老。

何謂早生、中生、晚生？

以播種到收穫期間的長短為基準的品種分類法。從播種到收穫為止的天數，由短到長，依序稱為「早生」、「中生」、「晚生」。以毛豆而言，從播種到收穫為止的天數標準，早生種是80天至90天；中生種是90天至100天；晚生種則是100天至120天。

何謂雙葉和本葉？

如同恆牙生長前的乳牙般，植物發芽後最初長出來的2片葉子就稱為雙葉，之後在各蔬菜上冒出特有形狀的葉子就是本葉。

雖然可惜，但為何要間疏？

由於擔心未必能100%發芽，加上同時將幾株種植在一起的長勢會較好，所以都會多撒些種子。但發芽後，當植株緊密地生在於一處，就會互相爭奪陽光和養分。因此得進行間疏的步驟，才能確保成長的必要空間。

剩下種子的保存法

將種子袋口封緊，放入能密閉的袋子或容器內，並保管在陰涼之處，例如：冰箱的蔬果室等。但種子若存放太久，發芽率就會變差，因此毛豆種子要盡量在當年內使用完畢。

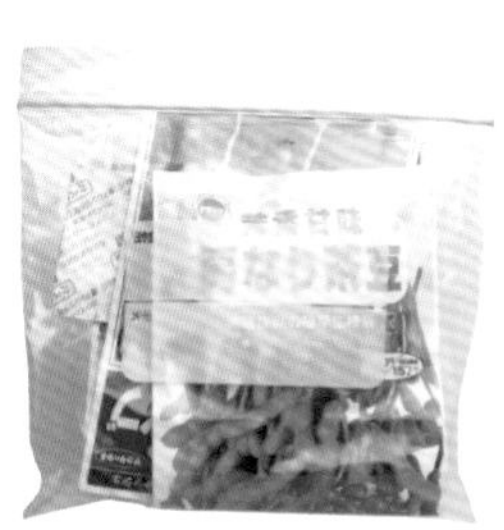

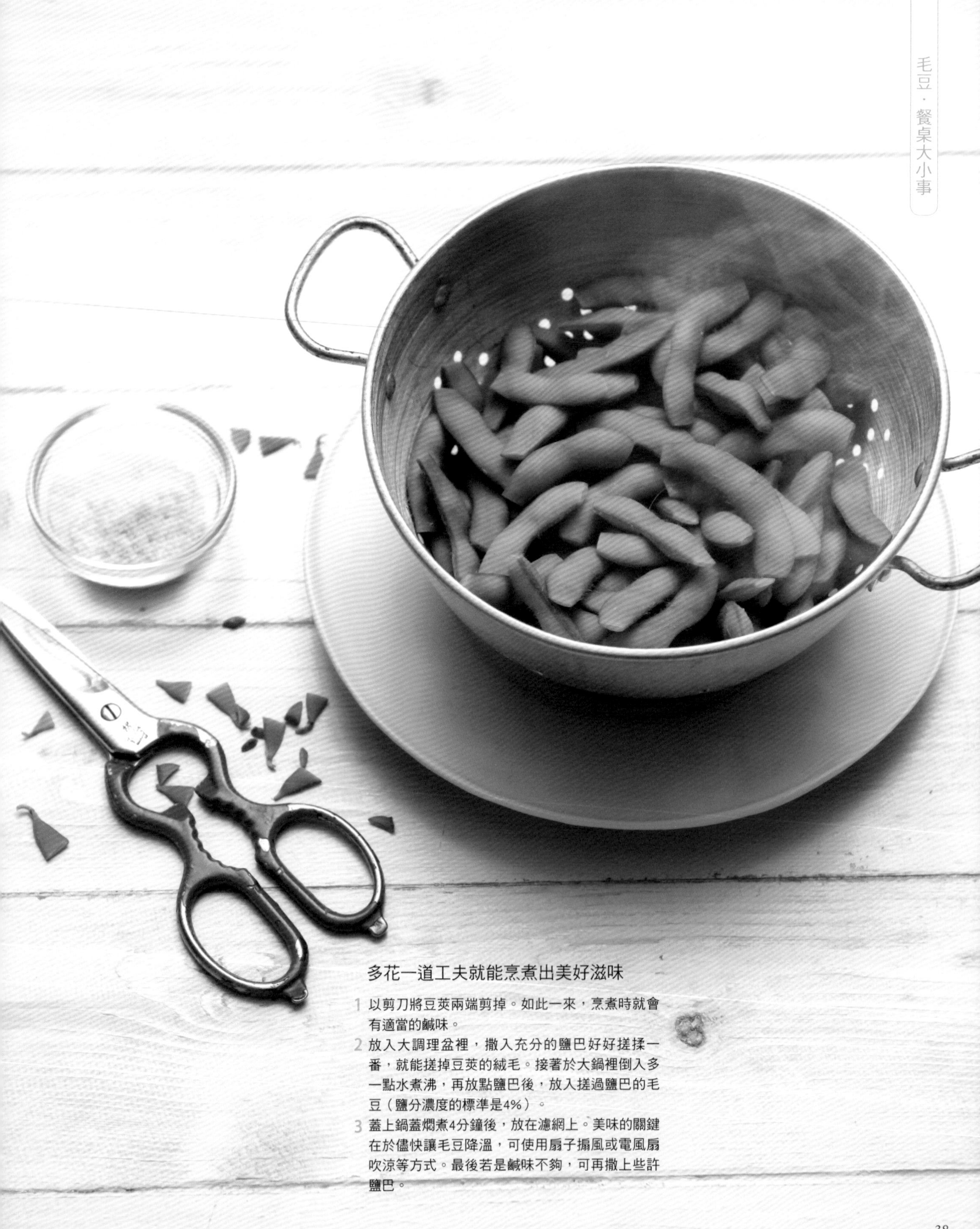

多花一道工夫就能烹煮出美好滋味

1 以剪刀將豆莢兩端剪掉。如此一來，烹煮時就會有適當的鹹味。
2 放入大調理盆裡，撒入充分的鹽巴好好搓揉一番，就能搓掉豆莢的絨毛。接著於大鍋裡倒入多一點水煮沸，再放點鹽巴後，放入搓過鹽巴的毛豆（鹽分濃度的標準是4%）。
3 蓋上鍋蓋燜煮4分鐘後，放在濾網上。美味的關鍵在於儘快讓毛豆降溫，可使用扇子搧風或電風扇吹涼等方式。最後若是鹹味不夠，可再撒上些許鹽巴。

這時候該怎麼辦？

Q&A

Q 毛豆一直沒發芽，彷彿撒的種子都不見了？

A 毛豆的種子是鴿子、烏鴉等鳥類喜歡吃的食物，或許被吃掉了。依照品種，直至7月末，重新播種都還來得及。以防蟲網等保護毛豆種子，直到長出本葉為止吧！

Q 收穫時，發現根部長了許多圓形小顆粒，這是生病了嗎？這樣長出來的豆子，吃了也沒關係嗎？

A 圓形小顆粒裡寄宿著所謂的「根瘤菌（Rhizobia）」。根瘤菌與豆科植物的根是共生的關係，會從豆子吸收養分，也會將泥土中的氮氣輸送給豆子。氮氣是植物成長上不可欠缺的成分。換言之，豆科植物與根瘤菌有著「互相幫助」的共生關係。由於不是生病，這樣的毛豆吃了也無妨喔！

你知道嗎？毛豆一直栽培下去會變成大豆

日本江戶時代，在活力十足的市街中經常響起毛豆的叫賣聲。由於是將毛豆連同樹枝一起煮好後，拿到市集一邊走一邊販售，因此毛豆在日本也被稱為「枝豆」。

食用的大豆若在尚未成熟的狀態下採收，就被稱為毛豆，也可稱作「青豆」。若不以毛豆狀態收穫，直接放著不管，莢果裡面的豆子就會漸漸地變胖。不久後，當葉子掉落，豆莢顏色完全變成黃色時，就是黃豆的採收時期。

不要錯過絕妙的食用時機

當豆子長到7成大至8成大時，就是香氣最迷人且風味絕佳的時刻。

豆子外表長得圓鼓鼓的，但當豆莢變硬，風味就會下降，不過卻也別具一番嚼勁。

向各地居民學習！ 道地的吃法

山形・毛豆味噌湯

烹煮毛豆時，等到快煮好的前一刻，將味噌溶入湯裡。這是散發著毛豆香氣、不需要額外煮高湯的味噌湯。

北海道、青森・豆漬

將煮熟透的毛豆，連同豆莢一起放入容器裡，再倒入剛好能蓋滿毛豆的鹽水。接著加入紅辣椒，並以紫蘇當蓋子，重壓著毛豆。倘若放在冰箱內，可長時間保存。

宮城、山形・豆泥

去除煮過的毛豆薄皮，再以食物調理器攪打或研缽磨成泥狀。接著加入砂糖和酒。當毛豆泥有點硬時，就加水調整。可添加在麻糬上，或當作涼拌醬使用。

茄子

茄子生長在熱帶非常耐熱澆水和追肥是栽培的重點

茄子是常見的夏天蔬菜，可增添家庭菜園的色彩。一般都說茄子是「貪吃大王」，所以一定要每天澆水和定期追肥。尤其是種在泥土容量有限的盆器裡時，一定要特別注意不能讓植株乾燥！

左邊是有點小的圓茄。右邊是橢圓形茄「千兩二號」。

需要去除澀味嗎？

就結論而言，近年來的茄子並不需要去除澀味。不過茄子切開後經過一段時間，切口就會變黑。雖然可以浸泡在鹽水中防止變色，但同時營養成分也會溶入水中。所以只要茄子一切開就立即食用，這才是最好的作法。

常見於各種料理中寶貴的夏天蔬菜

烤、炒、炸、煮、蒸、醃漬……茄子是不論使用何種調理法，都能烹煮出一盤盤美味的萬能蔬菜，種類豐富也是其魅力之一。現在也出現了不具備澀味、甜度高且能作成沙拉等生吃的品種。

皮的營養效果

紫色的表皮上，含有一種名叫色素茄甙（nasunin）的多酚（polyphenol），據說具有抑制活性氧的作用，並有助於恢復眼睛的疲勞等。由於色素茄甙是水溶性，所以建議煮成湯汁或紅燒等以利攝取。

白茄

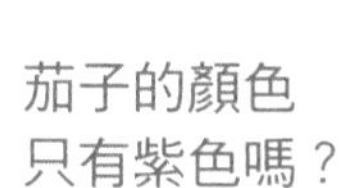

青茄

茄子的顏色只有紫色嗎？

日本有種取名為「茄子紫」的深紫色。其名稱的由來，當然就是茄子表皮的顏色，這是來自色素茄甙的色素。不過，在各種大小長短不一的茄子中，也有不具色素茄甙的茄子，例如：白色和綠色的茄子。

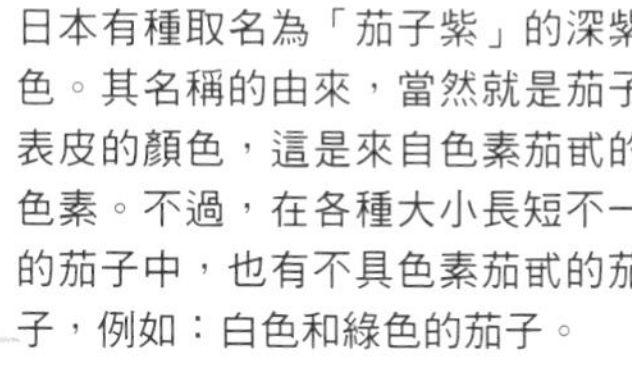

栽培成二枝或三枝即能提升收穫量

通常是栽培成2枝或3枝，比較容易取得植株姿態的平衡。只有主枝與1枝至2枝側枝往上伸展，並將它誘導至支柱上。當生長的樹枝受到限制，就不會浪費養分，還能提升收穫量。想要享受長期收穫的樂趣，就要趁果實還小時採摘。若採摘太慢，果實變大之後就會跟著變硬，植株也會承受沉重的負擔。

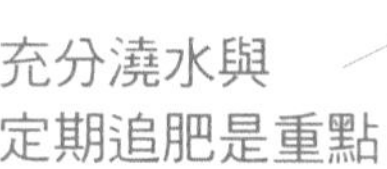

充分澆水與定期追肥是重點

茄子比其他夏天的蔬菜更需要水和肥料。只要有過一次乾枯的經驗，就會引起發育不良。乾燥是導致葉蟎（spider mite）、疾病的原因，因此盛夏時要特別注意。為了使其不斷地生長果實，肥料的補給也不可欠缺。

準備

準備容量12L以上的盆器

由於要立支柱，所以盆器要有約30cm的深度。將盆底網覆蓋在底穴上，並於底部鋪上一層盆底石（大顆的赤玉土等）後放入培養土，請記得留出距盆器邊緣2cm至4cm的water space。但盆底已設有格狀物時，就不需要盆底網和盆底石。

4月下旬～5月中旬

種植長出6片至7片本葉的樹苗

請先準備長得挺立的樹苗，注意不要弄散根部土球，將幼苗植株基部挾在手指間，倒過來後從小塑膠盆中取出。接著於盆器中央挖個洞後放入幼苗，並在根部土球上薄薄地覆蓋一層泥土，再將植株基部的泥土輕輕地壓實。最後在距離植株基部3cm至4cm處豎立一根暫時性的支柱，並與主枝綁在一起。接著澆水至水會從盆底滲漏出來的程度。

Point

建議從長得健壯的嫁接苗開始栽種

將栽培品種作為穗木，嫁接在抗病性強的砧木上的就是嫁接苗。若利用市售的培養土栽培在盆器中，就不必太擔心發生疾病，這也是一種預防策略。此外，從接合部下方長出來的芽是砧木的枝芽，容易消耗養分，因此一旦發現就立即摘除吧！

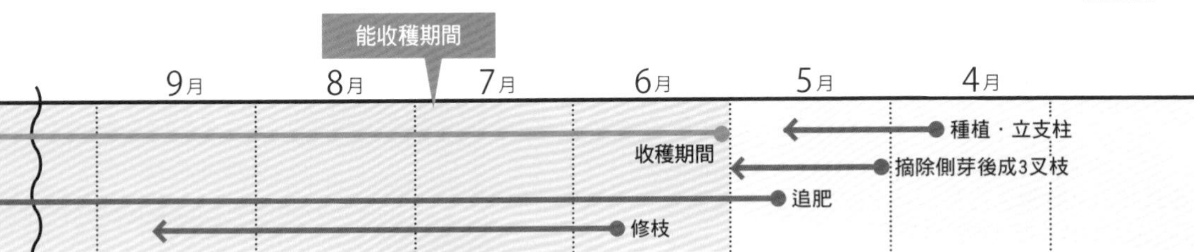

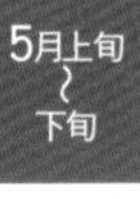

5月上旬～下旬

三叉枝上摘除側芽&立支柱

當主枝第一次開花後，於其上下方分別留下一枝側芽，剩餘的下方側芽則須全部摘除。之後冒出來的側芽，也要隨時摘除。留下的側芽會長成兩枝側枝，和主枝一起長大。接著以三根長150cm的支柱取代暫時性的支柱，等距離地豎立在盆器的邊緣，像撐開似地將三叉枝的尖端分別誘導到支柱上。

5月下旬～9月下旬

當最初的果實開始變大時每隔2週追肥一次

當最初結果的果實變大時，就要補充肥料。每一株植株都要抓兩撮（6g程度）的化學肥料撒在周邊，並以手指將泥土淺淺地撥鬆，使肥料能充分滲入。之後要記得每2週追肥一次。

若是土壤太過乾燥，茄子的生長情況就會變差，也會誘發病蟲害，因此要注意水枯的問題。當泥土表面開始變乾時，就要澆溉充分的水量。

收穫要儘早是重要鐵則

6月上旬～10月中旬

最初結果的2顆至3顆果實，若趁個子不大時進行採收，收穫後養分就會回到植株的成長上。請儘早進行採收，以減輕植株的負擔，也就能不斷地長出果實。若是中長型茄子，當果長約10cm時，就是採收的好時機。

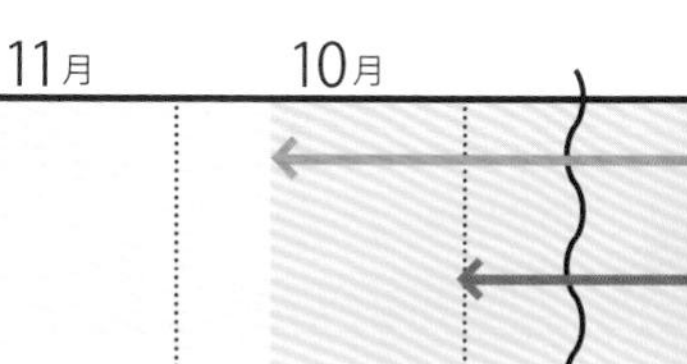

當葉子混在一起時，就要修整內側的枝葉

6月下旬～9月中旬

由於茄子的葉片很大，當葉子混雜時，就要剪去往內側長的枝葉，使通風良好。這種作法也能預防疾病和害蟲。

茄子品種

小型茄

主要製成醃漬物，例如：芥子漬等。外皮軟嫩，方便整顆食用。也有圓形的品種。

長茄

有的長度可長達30cm以上。果肉軟嫩，適用於燒烤、燉煮。

米茄

改良自美國品種。一加熱就有奶油般的口感。

圓茄

大型的茄子，直徑10cm以上。果肉相當細緻，最適合煮成關東煮等。以京都的賀茂茄為代表品種。

黑福

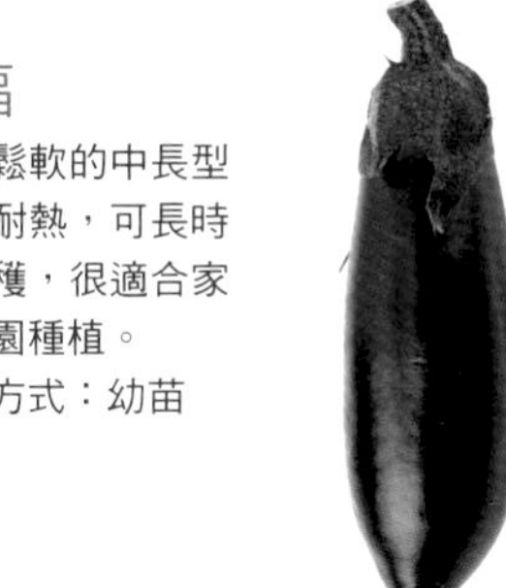

果皮鬆軟的中長型茄。耐熱，可長時間收穫，很適合家庭菜園種植。

取得方式：幼苗

Gochiso

非常甘甜又軟嫩。由於沒什麼澀味，可以直接生吃。果實長到重60g至80g的小型尺寸時，即可採收。

取得方式：幼苗

羽黑一口丸

小型蛋形，重量約10g，是一口大小的茄子。可以整顆淺漬或熬煮。由於幾乎沒有刺，所以方便栽培。

取得方式：幼苗

無刺千兩二號

果皮柔軟，外表呈深黑紫色且具光澤感。由於沒有刺，所以方便種植，可從夏天到秋天進行長期的栽培。

取得方式：幼苗

小五郎

蒂頭部分粗胖穩重的長蛋形茄子。果皮柔軟，且果肉綿密。直到栽培期的後半階段都還很有活力，是方便種植的品種之一。

取得方式：幼苗

起源於印度

彷彿只要用力壓一下，水分就會往下滴落，十分水嫩的茄子。尤其在炎熱的夏天，會覺得茄子特別的美味。

據說茄子的原產地是印度東部，原本就是熱帶性植物。能在高溫下活力充沛地生長，所以在印度還有像樹木般長得相當高大的茄子樹。由於東南亞各國經常吃茄子，也有果肉硬、適合用來燉煮的茄子品種。倘若利用辛香料，還能烹煮出茄子咖哩。印度的人們都很喜歡茄子咖哩，似乎能有效地減緩夏天的暑熱疲勞。

茄子的大家族！

地球上的所有植物，依形狀、性質等，可在學術上分成好幾類。其中的一種分類單位就是「科」，茄子就屬於茄科。

茄科植物是個大家庭，從相似的外表到完全相反的類型，分為許多不同的品種。

蔬菜中，馬鈴薯、番茄、辣椒、青椒及彩椒等都是茄科。從初夏到秋天，都能看到色彩豐富的花朵、廣受喜愛的矮牽牛（petunia）也是茄科植物。

美味的象徵

花萼的刺相當尖銳。當花萼和果實交界處層次分明時，就是採摘的好時機。當花萼反捲、變軟時，就代表太慢採摘，內部已生成種子。

矮牽牛

馬鈴薯

茄子

辣椒

青椒

番茄

這時候該怎麼辦？

Q&A

Q 雖然在日照良好之處栽培，但很在意葉子乾巴巴的。

A 茄子是喜歡陽光和水分的蔬菜。葉子乾巴巴的是因為水分不夠！由於種植在盆器裡很容易乾燥，因此要格外注意增加澆水的次數等問題。

Q 若是果實沒有光澤，該怎麼辦呢？

A 若採收太慢，果實中生成種子的同時，表面的光澤感也會不見。這就是日語「呆瓜」（ボヶ茄子）的意思。請用心地儘早收穫吧！

日本各地盛產的「在地茄子」

茄子有許多在地的品種。若是大致進行區分，東北一部分、新潟、長野等北日本周邊有許多圓茄。此外，也有不少束口包形茄、適合醃漬的小型茄等。岩手、宮城縣也有長茄。

南部地區多半是燒烤用的長茄，尤其是九州有稱為大長茄的大型茄子。關東地區是適合淺漬的蛋形茄，關西、東海、山陰地區則是中長型茄。

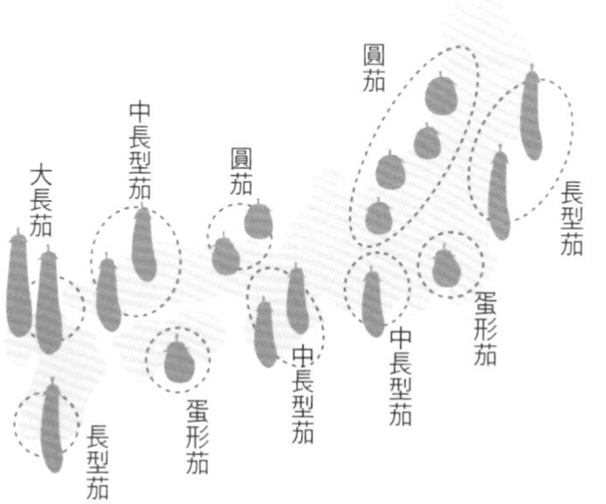

馬鈴薯

蓄積大地恩惠
剛採摘的果實
是極品

家庭菜園用的種薯，品種相當豐富。若種植顏色特別、適合油炸的珍貴品種，似乎也很有趣。吃起來口感是蓬鬆，還是黏糊的呢？若能瞭解馬鈴薯的口感、花點工夫在料理上，就能讓採收後的樂趣得以延續。

左側圓形的是「男爵薯」，右上紅色的是「安地斯紅」，右下則是「五月皇后」。

種植的時機是成功的關鍵

一聽到馬鈴薯就會聯想到夏天的北海道，因為馬鈴薯喜歡充分的日照與冷涼的氣候。成長的適溫是15℃至20℃。馬鈴薯既不耐寒冷也不耐熱，所以日本關東南部以西是3月上旬適合栽種，而寒冷地區則要進入4月以後才適合種植。

非寒冷地區，到了秋天都可以種植。可使用秋天播種用的種薯，從8月下旬起至9月上旬為止，努力地種植吧！

開著可愛的花朵 外型與小番茄相似的品種

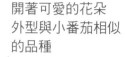

不愧是茄科的蔬菜，花朵呈現五角形，顯得相當可愛。花色依品種不同，有白色、淡紫、紫色等。相傳法國皇后瑪麗．安東尼特曾將馬鈴薯的花當作髮飾使用。

花開後若有長出果實時，所含的茄鹼（Solanine，又稱龍葵鹼）有毒，因此不可食用。果實若吸取太多養分，就會影響馬鈴薯的肥碩程度，請直接摘除。

即使不在田地種植 挖馬鈴薯的過程也同樣有趣

挖馬鈴薯是小朋友最喜歡的活動喔！注視著馬鈴薯一顆顆從盆器中露出來的模樣，會令人不由自主地大聲歡呼。

不使用花盆或盆器 利用袋子也可以進行栽培

照片中利用尼龍製的土壤包裝袋栽培馬鈴薯，事前請先裝入充分的泥土。栽種時，將袋口反摺；進行增土時，則將袋口恢復原狀，使用上相當方便。由於透氣性良好，所以要隨時注意不讓泥土變乾燥。

富含維生素C和鉀的美容健康蔬菜

由於含豐富的維生素C，所以具有預防老化、提升免疫力、美肌等效果。由於馬鈴薯的維生素C被澱粉包覆著，就算加熱也不容易遭到破壞，這也是其最大的特徵。

此外，它也含有較多可幫助體內水分均衡的鉀。

準備種植

春 2月下旬～3月中旬
秋 8月下旬～9月上旬

準備市售的種薯。食用的馬鈴薯並不適合當種薯。30g至40g的種薯可直接栽種，但個頭比較大的，就要縱向切開成1片30g至40g，此時的重點在於芽數要儘量切均等。此外，要先放置半天，讓切口變乾。

種在盆器中央

春 2月下旬～3月中旬
秋 8月下旬～9月上旬

放入培養土到距盆邊12cm至15cm的下方，接著將種薯切口朝下並置於中央，再覆蓋約10cm的泥土，之後以手輕輕地壓實，再充分地澆水。

Point
馬鈴薯喜歡有點乾燥的環境，所以請注意不要澆太多水。當泥土表面變乾之後，再澆水吧！

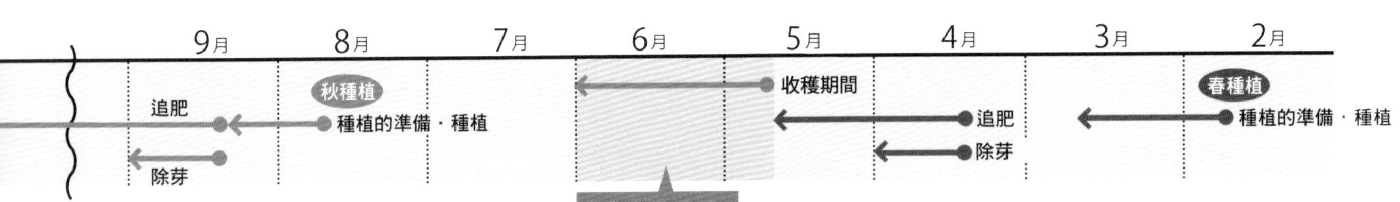

準備
準備容量25L以上的盆器

需要30cm以上深度的大型盆器，也可以利用土壤的包裝袋。將盆底網覆蓋在盆器的底穴上，並於底部鋪上一層盆底石（大顆的赤玉土等），放入培養土，請記得留出距盆器邊緣2cm至4cm的water space。但盆底已設有格狀物時，就不需要盆底網和盆底石。此外，由於土壤包裝袋的排水良好，可以直接栽種。

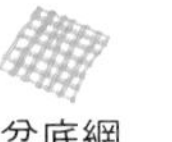
盆底網
盆底石

培養土

當芽長到15cm時就進行除芽

春 4月中旬～下旬
秋 9月中旬～下旬

發芽後長到約10cm至15cm時，請留下健康良好的2株至3株芽，並摘除發育不佳的芽。為了避免傷到種薯，請以手壓著植株基部拔出芽苗，或以剪刀剪除。

Point
限制芽苗數量，才能收成個頭較為碩大的馬鈴薯。若沒有確實摘除不良的株芽，則生成的馬鈴薯多為小顆粒。

除芽後及2週至3週後須進行追肥

除芽後及2週至3週後須補充肥料。將一撮（10g程度）的化學肥料撒在植株周邊，再以手指將泥土淺淺地撥鬆，使肥料能充分滲入，接著於植株基部添加泥土，並輕輕地按壓。此外，經過2週至3週後，需再進行追肥與增土。

Point

新的馬鈴薯會從種薯往上成長。當馬鈴薯一旦冒出地面，受到陽光的照射就會綠化，進而生成有毒物質「茄鹼」，因此需要定期進行增土。

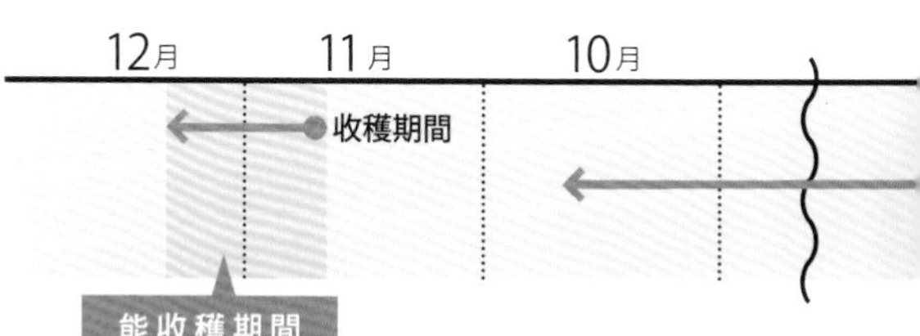

5月下旬
～
6月下旬
春

當葉子變枯黃時就立刻收穫

當葉子變黃、枯萎時，就是收穫的好時機。請抓住植株基部的莖，直接往上拔即可。

這時候該怎麼辦？

Q&A

Q 食用的馬鈴薯為何不適合作為種薯？

A 作為食用，完全沒問題，但食用的馬鈴薯有可能感染植物的病毒等疾病，而無法長出健全的芽。再者，種薯是栽培專用的品種，已排除種薯的疾病，檢查也都合格。此外，種薯發芽的情況也能配合種植的時機，故能採收到品質優良的馬鈴薯。

Q 有瓢蟲等蟲子，是否不必理會？

A 雖然非常像瓢蟲，但若是背翅上的星星花紋數量眾多，就是二十八星瓢蟲（學名：Epilachna vigintioctomaculata Motschulsky）。這種蟲子會蠶食葉子，因此要在受害未擴大之前清除蟲害。

豆知識

「ジャガイモ」與「馬鈴薯」是一樣的嗎？

馬鈴薯是在江戶時代從印尼雅加達傳到日本的名稱，因此稱為「雅加達芋」，並簡稱為「雅加芋（ジャガイモ）」。據說，「馬鈴薯」之稱的由來是因為其形狀像掛在馬脖子上的鈴鐺。

蓬鬆型？黏糊型？馬鈴薯的味道與口感

具蓬鬆口感的就是「粉質的馬鈴薯」，其中以「男爵薯」為代表，適合作成炸馬鈴薯塊、馬鈴薯泥、可樂餅等。

另一方面，像「五月皇后」般吃起來黏糊糊的就是「黏質的馬鈴薯」，這類的馬鈴薯不容易煮爛，所以經常作成馬鈴薯燉肉、馬鈴薯咖哩等燉煮料理。此外，也有具中間性質的品種。

蓬鬆型
粉質

男爵薯
日本馬鈴薯的代表品種，占最高的生產量。呈球狀、果肉白，且芽眼凹洞深。由於容易煮爛，常用於薯泥的料理。

北明
扁球形、芽眼凹洞不深，外表帶淡淡的紅色。果肉為黃色、具甜味，且內含豐富的維生素C及胡蘿蔔素。

北海黃金
長橢圓形、芽眼凹洞淺，果肉為淡黃色，且中心部分無空洞，所以適合作為炸薯條的原料。

Sayaakane
耐疾病與病蟲害，適合無農藥栽培。屬於粉質馬鈴薯，甜味強，適合作成可樂餅等。

安地斯紅
表皮紅色，果肉則是鮮豔的黃色。可於春秋二期栽種。由於休眠時間短，很容易發芽，不適合長期保存。

北方紅寶石
表皮和果肉都是粉紅色，含有非常豐富的花色苷（anthocyanin）。常用於馬鈴薯泥、馬鈴薯冷湯（Vichyssoise）等料理中，可替料理增添色彩。

Ranran Chip
倒蛋形，果肉是黃白色。油炸後，色澤會變得金黃，十分漂亮，所以多半作為薯片的原料。

黏糊型

黏質

印加之瞳

從「印加的覺醒」自然授粉種子中選拔出來的品種。若以低溫保存，能增加其甜度，可享受滑順般的口感。

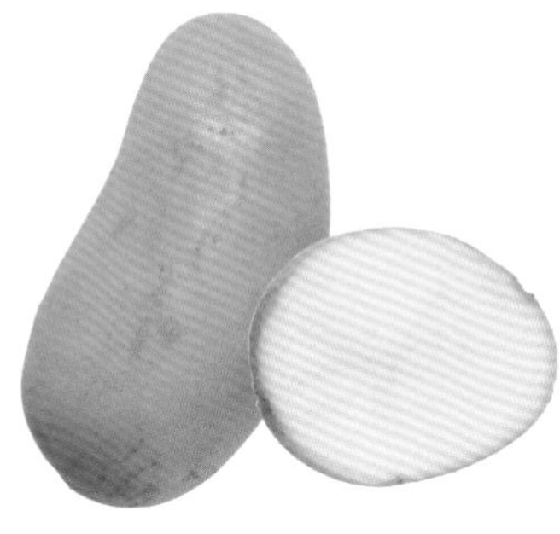

五月皇后

長橢圓形，果肉帶點黃色，芽眼凹洞淺，且容易去皮。由於具黏性，不容易煮爛，所以適合作成咖哩、濃湯等燉煮料理。

Redmoon

外皮紅色，肉質則是黃色，長得很像地瓜。帶甜味，具有蓬鬆的口感。因是黏質馬鈴薯，很難煮爛，所以很適合作為煮物。

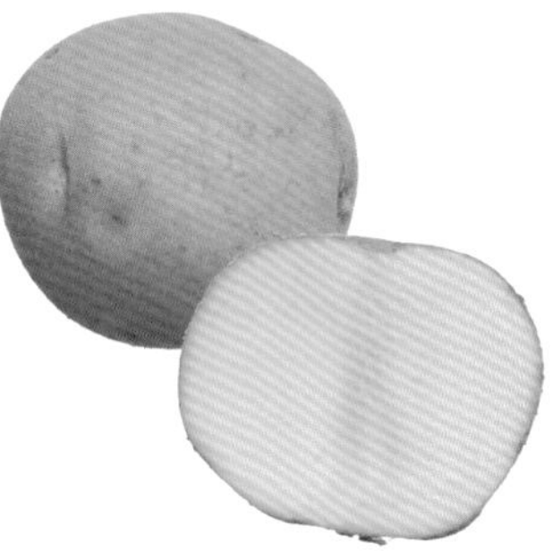

洞爺

果肉為淡黃色，內含許多維生素C。口感滑順，不易煮爛，所以可應用於各種料理中。

印加的覺醒

果實平均重量約50g，體型不大，果肉是近似橘色的深黃色。糖度6度至8度，具有如同栗子及堅果般的風味與甜味，吃起來口感相當綿密。

Cynthia

長橢圓形，果肉為淡黃色。由於不易變色，且容易入味，所以適合作成關東煮、煮物等。

Haruka

雖然表皮是茶色，但冒芽的部分卻是粉色。生吃也沒什麼刺激的氣味，所以能作成沙拉食用。

中間

Sayaka

由於耐放又耐摔，所以超市販售的家常菜及餐廳等，多半都使用這種馬鈴薯。其滑順細膩的口感，很適合作成沙拉。

Shadow Queen

長橢圓形，表皮和果肉都是鮮豔的深紫色。內含豐富的花色苷，吃起來口感相當清爽。

保存方法

將馬鈴薯挖掘出來後，去除表面殘留的植土，保持乾燥。以報紙包裹，存放於陰暗涼爽處。避免陽光照射且低溫是馬鈴薯的保存重點。

土壤

蔬菜在盆器裡栽培，和種植在田地裡不太一樣。由於只能居住在有限的空間內，為了讓它們能健康成長，環境的整理就變得十分重要。選擇優質的土壤是蔬菜生長的主要關鍵。

此外，土壤並非皆為單一性，也有可供混合使用的土壤，也有事先已經調配好的土壤。前者有赤玉土、鹿沼土等，種植蔬菜基本上都是使用赤玉土。後者一般稱為「培養土」，從種花、種蔬菜兩用到蔬菜專用的土壤，市面上販售有各式各樣的種類。

標準的培養土

以赤玉土為基底，均衡地加入堆肥、蛭石（vermiculite）、珍珠石（perlite）等改良用土，以提高其保水性、排水性、透氣性及保肥性。也有許多含有肥料成分的土壤，只要將它放入盆器中，立即就能種植蔬菜。推薦購買包裝袋上有「蔬菜專用」標示的產品。

土壤的酸度（pH）

許多蔬菜都喜歡中性至略酸性（pH7.0~6.5）的土壤。所以在種植旱田作物時，會出現撒石灰以調整土壤酸度的情況，但市售的培養土大部分已經調整好土壤酸度，可直接使用。

自行調配培養土

培養土也可以自己調製。請配合要栽種的蔬菜進行土壤混合吧！

果菜用	赤玉土 4	+ 腐植土 3	+ 堆肥 2	+ 蛭石 1
葉菜用	赤玉土 5	+ 腐植土 3	+ 堆肥 1	+ 蛭石 1
根菜用	赤玉土 5	+ 腐植土 1	+ 河砂 2	+ 蛭石 2

※每1L的土壤中要放入1.5g至2g的化學肥料［N-P-K=8-8-8］

河砂

於河川採集的砂土。不純的物質比海砂及山砂少，可直接使用。具有良好的透氣性．排水性，但缺乏保水性．保肥性。

蛭石

這是燒過的蛭石，特徵為重量極輕。只需薄鋪一層，就富有保水性和保肥性，也有適度的透氣性。

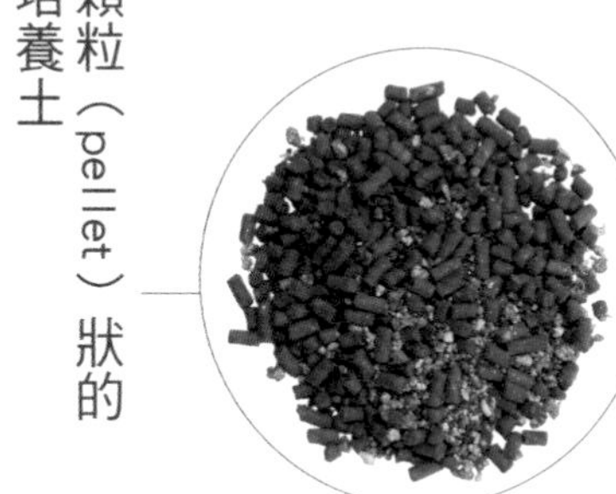
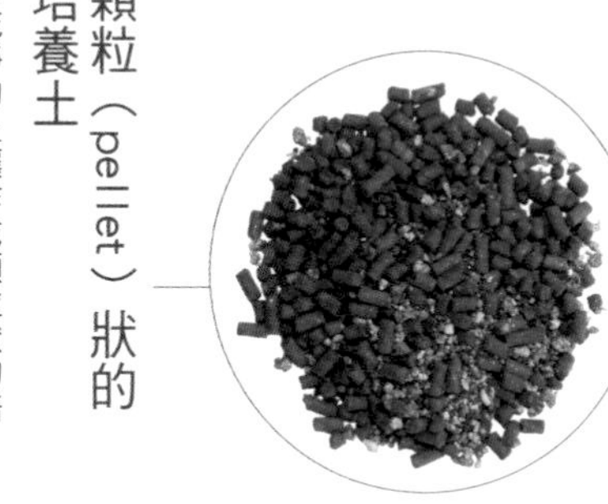

顆粒（pellet）狀的培養土

將乾淨的土壤作成顆粒狀的培養土。並於其中添加有機物、改良用土及肥料，是提高了排水（排水性）、保水（保水性）及透氣性的製品。

品質不佳的培養土

不僅土壤的顆粒參差不齊，還混入許多堪稱微塵的粉狀土，是沒有適度空隙的土壤，且還含有未成熟的葉子和樹枝。儘管很難從包裝袋外表判別，但還是必須避免使用這種培養土。

赤玉土

將赤玉土乾燥，並依照大粒、中粒、小粒等顆粒的大小進行篩選，可當作基本用土。特徵是具有極高的透氣性、保水性及保肥性。但不能只使用赤玉土栽培植物，得混入腐植土、牛糞堆肥等後才能使用。

輕鬆達成土壤翻新法！

對胡蘿蔔、蕪菁、綠花椰等秋冬收成的蔬菜而言，夏天就是開始栽培的時期。若有之前已經採收完畢的盆器，就可將土壤翻新後再利用。

1 讓土壤乾燥

先清除盆器內土壤表面殘留的枝葉，並放置在不會淋到雨的場所，讓土壤充分乾燥。

2 將土壤充分弄鬆

要重新利用土壤時，得先準備一塊塑膠布，並將盆器裡的土壤攤放在上面。請仔細地清除盆底石、殘留於土壤中的根等，並將土壤好好地弄鬆。由於不含水氣，所以土壤很輕，簡單地就能弄成蓬鬆狀。

3 強化土質

由於土質變差，所蓄積的水分、養分等力量也跟著衰退。為了恢復這些力量，請加入相當於土壤2成至3成的堆肥等有機物質後，充分混勻。此外，由於也消耗了養分，所以每1L的土壤中還要混入1g至2g的化學肥料後，才算翻新完成。接著就可以直接利用，或與新培養土混合後再使用。

堆肥

利用牛糞、落葉、稻桿及稻殼等有機物質發酵、分解後，所形成的天然堆肥，具有使土壤變得鬆軟的效果。未成熟的堆肥會損傷植物的根部，所以要選擇使用完全成熟的堆肥（以手觸摸，會有沙沙的觸感）。另外，請不要單一使用，要與赤玉土等土壤一同混合使用。

腐植土

這是使擴葉樹的落葉完全腐熟所製成的一種堆肥，是富含透氣性、保水性及保肥性的土壤改良材料。熟成時呈黑色，只要以手輕握就會散開的即為良品。若外觀呈茶色，且還清楚留有葉子形狀的就是未熟品。直接使用未熟品會損傷植物根部，因此要先放置一段時間，等熟成後再使用。此外，需混入赤玉土、牛糞堆肥等後再使用。

牛糞堆肥

堆肥的一種，使牛糞發酵、乾燥後製成。雖然肥料成分沒那麼多，但土壤改良的效果極佳。未成熟的牛糞堆肥會損傷植物根部，因此一定要選擇完全成熟的堆肥。此外，需混入赤玉土、腐植土等後再使用。

堆肥與肥料的正確用法

堆肥是土壤改良材料，只含有少量的營養成分，所以一定要以肥料補充營養。使用加入肥料的培養土時，就不需要基肥。當植物生長變得旺盛時，再施予肥料（追肥）即可。但持續收穫期間，要定期地進行追肥。

依照肥料的種類，一般是以每隔20天施肥一次為標準。

肥料

蔬菜會在短期間內長大，所以需要很多的營養。成長上不可欠缺的肥料三要素為：
①主要讓葉子和莖生長的N（氮）、
②培育花與果實的P（磷）、
③促進根部生長的K（鉀）。
這些成分的均衡相當重要。

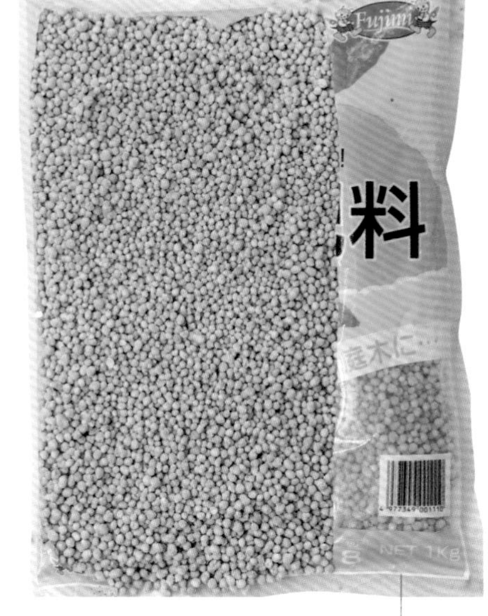

化學肥料

將蔬菜生長上的必要成分，以化學方式合成肥料，即是化學肥料。通常是方便處理的顆粒狀，也沒有強烈的氣味。種植蔬菜時，往往需要使用具速效性的化肥。

肥料袋上會載明三要素的比例。若N-P-K=8-8-8，代表每100g會分別各放入8g。一般使用於家庭菜園的肥料，多半都是8-8-8，也可說是萬能肥料。

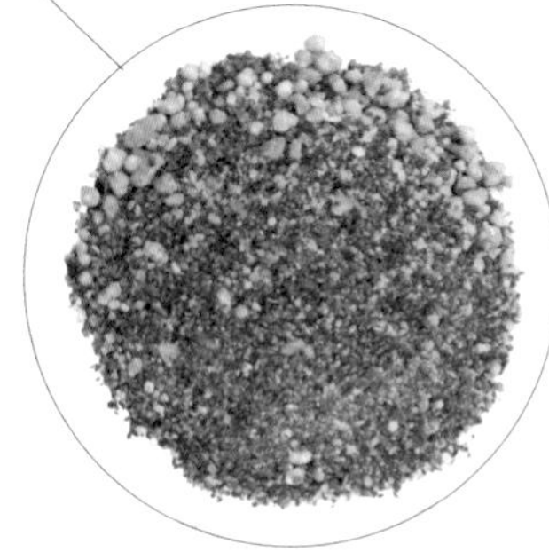

有機搭配肥料

以植物、動物等天然素材製作的有機質，搭配化學肥料而製成的肥料。兼具活用有機與無機質的好處。

油渣

菜籽、大豆等炸過油的殘渣，內含很多的氮。肥料的效果會慢慢呈現，推薦使用發酵完成的油渣。

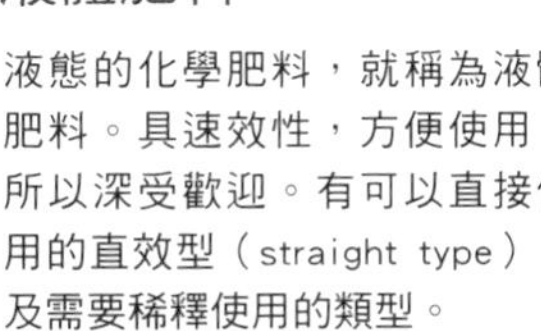

液體肥料

液態的化學肥料，就稱為液體肥料。具速效性，方便使用，所以深受歡迎。有可以直接使用的直效型（straight type），及需要稀釋使用的類型。

活力劑

指肥料成分比一般肥料少者，或含有能使植物活化的維生素及礦物質者。

秋葵

左方是圓秋葵，上方是幼嫩採摘的迷你秋葵，右方則是五角秋葵。

剛採摘的瞬間最為鮮嫩 請一定要生吃品嚐

秋葵是喜歡高溫的蔬菜。雖然一開始成長速度緩慢，但在梅雨季過後就會迅速成長。觀賞完美麗的花朵後，就能觀察逐漸變胖的果實，請不要錯過採摘的最佳時機。

如同朱槿般的美麗花朵深具魅力

錦葵科（Malvaceae）的秋葵可算是朱槿（hibiscus）的同類。由於夏天會不斷地綻放美麗的花朵，而不會讓人聯想到是蔬菜之一。但花朵只會盛開一天，隔天就枯萎了。

不能錯過的食物纖維

秋葵的食物纖維屬於水溶性，只要一加熱就會溶於水。因此加熱的時間盡量不要太長，作成湯汁或燉煮料理時，請連湯汁一同吃下肚吧！

有多種吃法

於味噌中混入酒和味醂稀釋，作成味噌漬料。再將迅速汆燙好並放涼的秋葵放入漬料中醃漬一天即完成。很適合搭配白飯食用。

不畏暑熱不斷地結果

秋葵的原產地是非洲，因此非常喜歡炎熱的夏天！越是大量沐浴在陽光下，就會長得越健壯，並不斷地結果實，因此需要充分地補充水及肥料。

於黏質內隱藏力量的健康型蔬菜

將秋葵切開或加熱，就會出現獨特的黏性，其主要的成分是果膠（pectin）與黏蛋白（mucin）。果膠是水溶性纖維，具有減少血中膽固醇的作用，而複合蛋白質的黏蛋白則有助於胃黏膜的保護及整腸等效用。此外，還含有許多的β胡蘿蔔素、維生素B_1、B_2、維生素C、鈣、鉀及鎂等，有助於免疫力的提升。

事先清除絨毛

覆蓋在新鮮秋葵上的絨毛，以清水清洗後再使用鹽巴搓揉，即能完全清除。將鹽分沖洗乾淨後，就能拿來調理。若要使用整個秋葵進行烹煮，請先將堅硬的花萼周邊削薄。

採摘幼嫩的秋葵

趁著秋葵仍處於幼嫩期，大約長成2cm至3cm時，就進行採收。由於果實與種子都很鮮嫩，直接生吃也很美味。

秋葵的品種

紅秋葵

一加熱就會變成綠色，想活用配色時，可將其作成沙拉或涼拌菜，直接生吃即可。

取得方式：種子

圓秋葵

莢果的斷面為圓形，沖繩地區一般都是此品種。吃起來的口感比一般的秋葵柔軟。

取得方式：種子

Early Five

莢果的角為清晰五角形，顏色是深綠色。由於莢果很少出現扭曲與疙瘩，因此能採收到許多外形平整正常的果實。

取得方式：種子

楊貴妃

外觀為帶點白的黃綠色，莢果呈渾圓狀。黏性比一般秋葵高，很少澀味且相當軟嫩，所以很適合作成沙拉及涼拌菜。

取得方式：種子

4月上旬～下旬

將種子撒在塑膠盆中以培育幼苗

培養土放入口徑9cm的3號塑膠盆裡，並於中央挖出約1cm的凹洞，接著將3顆種子撒入其中，切勿讓種子重疊。最後覆蓋上周邊的泥土，輕輕地壓實後再澆水。請放在日照良好處，直至發芽為止，須特別注意避免土壤出現乾枯的情況。當長出1片本葉時就要進行間疏，只留1枝即可。

5月上旬～下旬

當本葉長出2片至3片時改種在盆器內

準備深15cm以上、容量12L以上的盆器，並放入培養土，請記得留出距盆器邊緣約2cm至3cm的water space。再將幼苗的基部挾在手指之間，注意不要弄散根部土球，倒過來後從塑膠盆中取出幼苗。接著在盆器中央挖個洞穴，放入幼苗，並於根部土球上薄薄地覆蓋一層泥土，最後將植株基部的泥土輕輕地壓實。

5月下旬～9月中旬

出現第一次結果後每隔2週至3週都要進行追肥

成長至出現第一次結果後，就要抓1小撮（3g程度）化學肥料撒在植株的周邊，進行追肥。為了使肥料與泥土能混合均勻，先以手指淺淺地撥鬆泥土，再將泥土向植株基部聚攏後輕輕地壓實。

10月 9月 8月 7月 6月 5月 4月 3月

修除下葉
追肥
收穫期間
播種
種植
能收穫期間

7月中旬～10月中旬

6cm至7cm是收穫的標準

開花後大約1週即可採收。以果實長度6cm至7cm為標準，請儘早收穫。

7月中旬～10月中旬

摘除下葉使通風良好

收穫後，請留下長出果實的枝節下方處2片至3片葉子，並摘除更下方老舊的葉子。如此就能藉由養分回到植株的生長，及根部附近良好的通風，以因應病蟲害。

Point

天氣回暖後再播種就能旺盛成長

在適當的種植時期，幼苗會大量上市，不過從種子開始培育也很簡單。但希望大家要特別注意的重點，是秋葵對冷很敏感，發芽的適溫是25℃至30℃，倘若太早播種就不會發芽。

新鮮且幼嫩的果實很美味

開花後大約1週就是收穫的最佳時機。由於秋葵成長快速，一旦錯過採收時機就會迅速長大、變硬，導致無法食用。因此，開花後要勤快地巡視。

這時候該怎麼辦？

Q&A

Q 當葉子背面長出幾個像水滴般的顆粒？

A 在葉子背面、莖及果實的表皮有時會長出水滴般的小顆粒，這是秋葵特有的生理現象，不必擔心。直接生吃果實也沒問題。

Q 太成熟的秋葵會變硬，且不能食用？

A 秋葵一旦過度成熟，纖維質就會變多，種子也因長得太大而不能食用。秋葵的收穫期是在開花後約7天至10天，要特別注意，請不要太慢採收。趁著秋葵幼小時採摘，不僅新鮮且口感柔嫩，也可以直接生吃。

秋葵咖啡屬於無咖啡因

將秋葵的種子以遠火煎焙，再使用咖啡研磨機磨成細粉末，接著以滲滴式咖啡壺（drip coffee）進行沖泡，此即所謂的「秋葵咖啡」。外表看似咖啡，但味道卻近似於青草茶。

在歐美有許多人喜歡不含咖啡因的飲料（低咖啡因），也常喝秋葵咖啡。由於秋葵咖啡具香氣，且有柔和的風味。不妨試試看將過度栽培、變大的種子，拿來作成秋葵咖啡吧！

眾所皆知，苦瓜是可當作綠色簾幕的蔬菜，不知不覺中苦瓜的藤蔓就會攀爬成漂亮的形狀。摘芯後藤蔓會增加，但若是不讓藤蔓交錯蔓延擴展，形狀就能保持工整，也能讓葉片充分遮擋陽光，進而結實纍纍。

苦瓜

遮擋光線 可使果實 結實纍纍

從左至右，中長形的「Horonigakun」、「Abashi苦瓜」。右方兩個較小型的是「Suzume 苦瓜」。

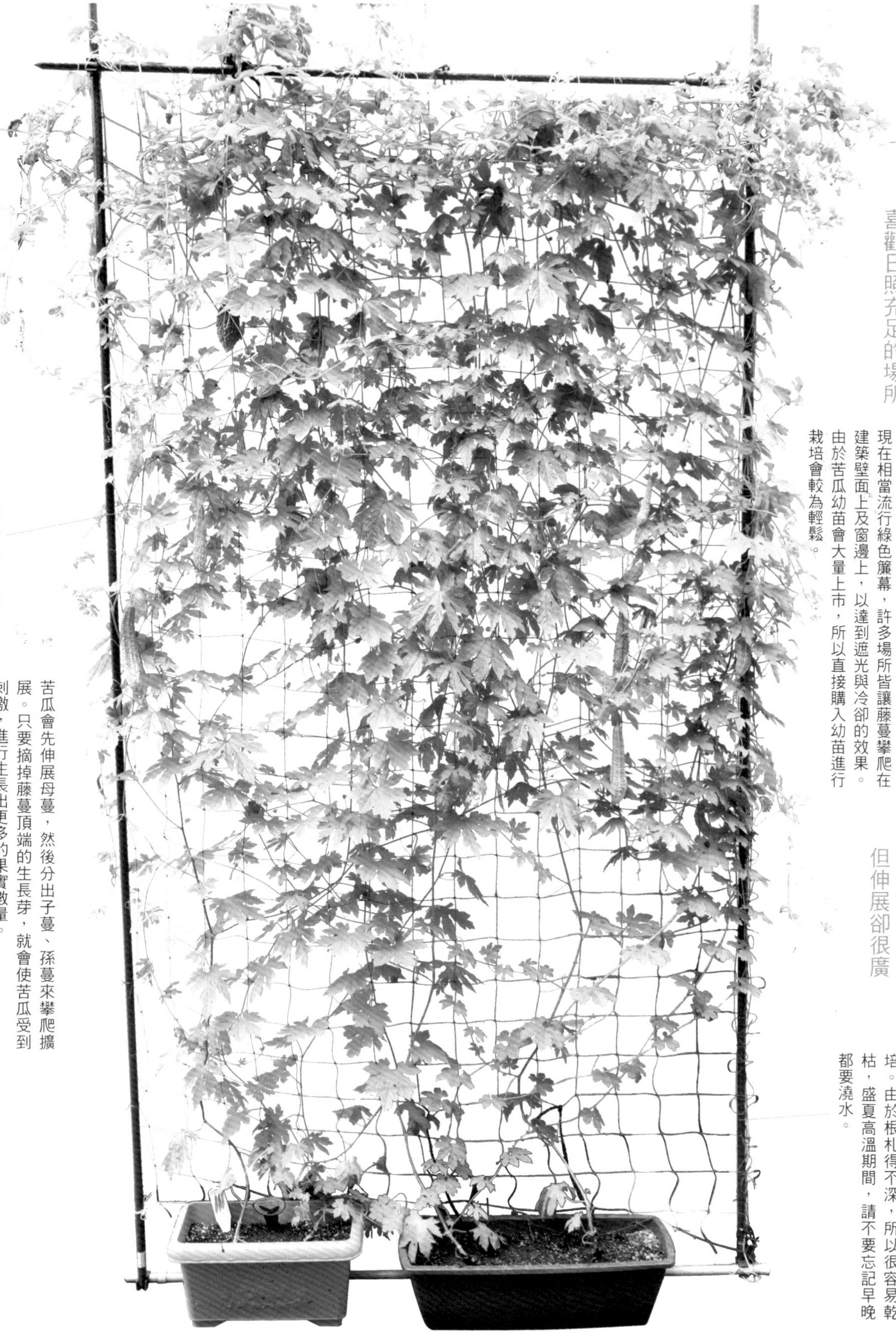

耐熱
喜歡日照充足的場所

原產於熱帶的苦瓜，生長適溫是20℃至30℃，所以在高溫期會長得很健康。故盆器需要放置在陽臺、庭院前等日照良好之處。

現在相當流行綠色簾幕，許多場所皆讓藤蔓攀爬在建築壁面上及窗邊上，以達到遮光與冷卻的效果。由於苦瓜幼苗會大量上市，所以直接購入幼苗進行栽培會較為輕鬆。

苦瓜的根札得不深
但伸展卻很廣

苦瓜的根比較淺，但伸展得很廣，所以適合使用表面積大的花槽型盆器栽培。由於根札得不深，所以很容易乾枯，盛夏高溫期間，請不要忘記早晚都要澆水。

若是藤蔓數增加
收穫也會增多

苦瓜會先伸展母蔓，然後分出子蔓、孫蔓來攀爬擴展。只要摘掉藤蔓頂端的生長芽，就會使苦瓜受到刺激，進行生長出更多的果實數量。

由於會長出果實的雌花，多半開在子蔓及孫蔓上，因此為了不讓藤蔓互相糾纏，得以慢慢地伸展，要準備具充分空間的網架。

準備

準備25L以上的盆器

將盆底網覆蓋在盆器的底穴上，並於底部鋪上一層盆底石（大顆的赤玉土等），再放入培養土，請記得留出距盆器邊緣2cm至4cm的water space。但盆底已設有格狀物時，就不需要盆底網和盆底石。此外，請記得準備誘導藤蔓用的網子，及固定網子的支柱。

5月中旬～6月上旬

種植本葉3片至4片的幼苗

準備本葉3片至4片的幼苗，注意不要弄散根部土球，將幼苗的基部挾在手指之間，倒過來後從小塑膠盆中取出。再於盆器裡挖個洞穴，放入幼苗，並在根部土球上薄薄地覆蓋一層泥土，接著將植株基部的泥土輕輕地壓實。最後澆水澆至水從盆底滲漏出來的程度。

※從種子開始栽培時，請參考P.11的小塑膠盆播種欄。

Point

寬65cm的盆器，是可種植2株苦瓜的標準容器。由於苦瓜會長得很大，所以植株之間的間隔需約25cm至30cm。

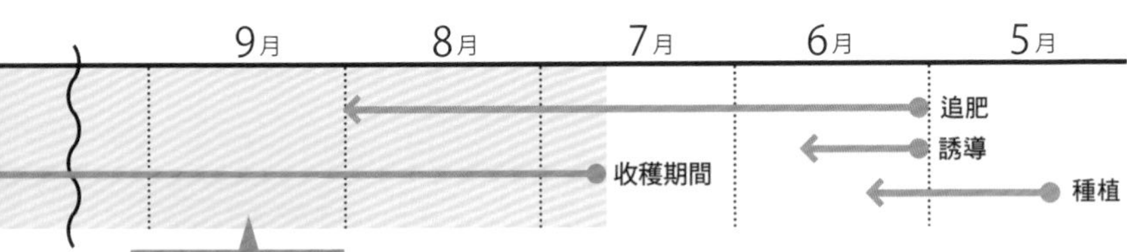

6月上旬～6月中旬

藤蔓伸展後誘導到網架上

當藤蔓開始伸展後，就架設網子，並將其誘導到網子上。為了避免被風吹動，請盡量將網子架得緊繃一些。

6月上旬～8月下旬

追肥要每2週進行1次

種植後約經過2週就要施予追肥。每株抓1小撮（6g程度）化學肥料呈圓形撒在植株周邊，再以手指撥鬆泥土，使之滲入泥土中。而後，以每2週1次的基準進行追肥即可。當苦瓜長得太茂密時，葉子就會交疊在一起，此時要將纏繞於一處的藤蔓剪掉少許，以便能照到陽光和保持通風。

雄花與雌花

苦瓜的雄花和雌花是同株開花。通常第一朵開的花是雄花，但若是植株長得很健壯，就會先開雌花。雌花的花莖較肥大，很簡單就能分辨。

雌花

雄花

苦瓜

苦瓜的苦味可消除夏天的疲勞

苦瓜的苦味是苦瓜素（momordicin），能促進胃液的分泌，具有增進食欲的效果，很適合用來預防夏天的疲勞。加上具抗氧化力的維生素C的相乘效果，據說能預防生活習慣病及老化等。此外，還內含許多可調整體內水分平衡的鉀，所以苦瓜可謂是夏天流汗時不可欠缺的補水蔬菜。

7月下旬～10月上旬

當凹凸變明顯且出現光澤時即可採摘

當苦瓜果實表面的凹凸變大，且變得有光澤時，就是適當的收穫期。請以剪刀剪斷藤蔓，收穫既硬又未成熟的果實。由於完全成熟的果實會變成橘色，不久後表皮還會迸裂，果肉也變得粗糙不能食用。但裡面包裹著種子的紅色膠狀部分，因味道相當甘甜美味，請務必品嚐看看。

11月　10月

幫助授粉

種植在高樓層的陽臺時，不太容易有蟲子飛來，就得進行人工授粉，才會結果實。請摘下雄花，並將雄蕊的花粉稍微沾在雌花的雌蕊上。

苦瓜品種

Super苦瓜（白）
果實長約18cm至20cm，呈白色且凸起渾圓的外貌。只要有節處就會長出果實，所以經常收穫豐碩。苦味並不明顯。
取得方式：幼苗

Erabu
果實長約30cm，瓜身肥胖，具份量感。外表為富有光澤的深綠色，瘤狀凸起的表面還帶點圓形，且具有適當的苦味。
取得方式：種子
標準果重：約300g

Abashi苦瓜
果實長約20cm至25cm的沖繩原有品種。名稱來自六斑刺魨（在沖繩名叫Abasa）。苦味少，肉厚且多汁。
取得方式：種子
平均果重：約200g

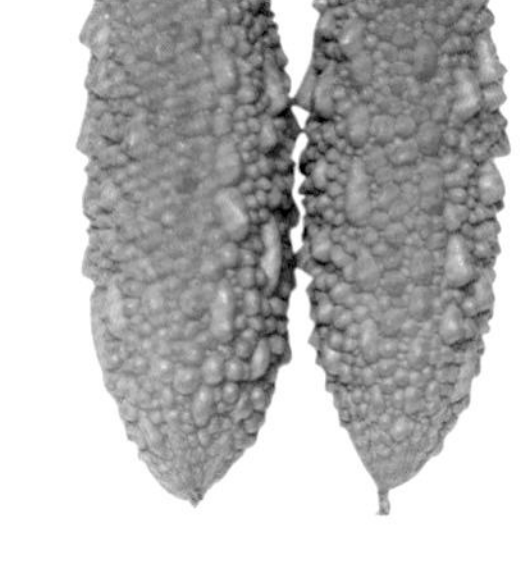

胖圓苦瓜
果實長約15cm，瓜身扎實。在培育初期，果實就能長得很好，相當容易栽培。耐熱性佳，所以適合當綠簾植物。
取得方式：種子

麻雀苦瓜
深綠色的小型苦瓜。由於果實多，可作成醃漬菜等食用，但苦味很重。
取得方式：種子
標準果重：約30g

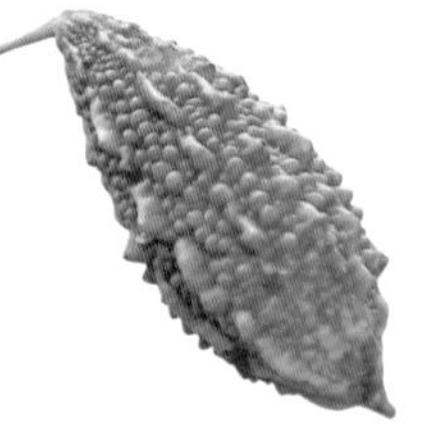

Horonigakun
果實外形短胖且渾圓，瘤狀凸起較大。相較於其他品種，是苦味較少的類型。
取得方式：種子
標準果重：約250g至300g

雲南木鱉
雞蛋大小，表皮帶有尖刺的苦瓜。少苦味，內部的種子也可以食用。所含的維生素C是一般苦瓜的三倍以上。
取得方式：幼苗
標準果重：約50g至70g

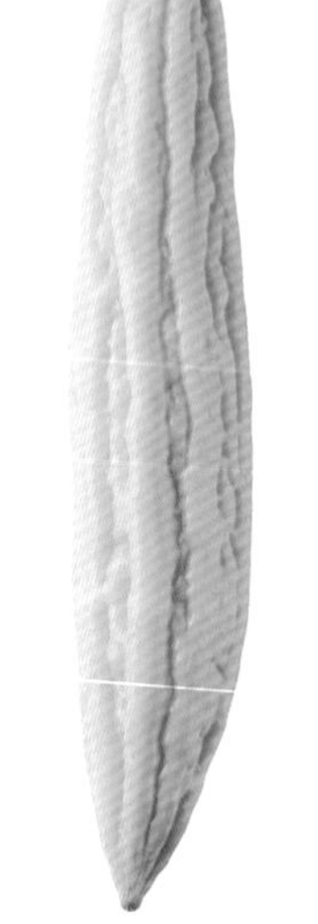

Delicious苦瓜
無瘤狀凸起，呈光滑感的萊姆綠色苦瓜。可生食的美味苦味，常使用於沙拉及涼拌中。
取得方式：幼苗
適當收穫時期的果長：約27cm至30cm

小蘿蔔

隨時都能培育宛如寶石般美麗的小蘿蔔

雖然給人的印象是適合新手栽種的蔬菜，但收穫時的美麗外型能讓人感到心情雀躍。播種後約一個月就能收穫，因此也很適合作為小孩的觀察植物。只要有空的植盆，就能試著撒入種子栽種看看。

即使栽培方式相同，也會種出大小、外形不一的小蘿蔔，這就是家庭菜園的醍醐味。圖中是紫色品種。

小蘿蔔和茄子皆屬於同類型色素

小蘿蔔美麗的紅色色素是一種花青素，和茄子、紅酒的色素屬於同類，具有減少活性氧的抗氧化作用，能有效預防細胞老化、癌化及動脈硬化等。

直徑2cm的可愛姿態

鮮紅色的球形類型是最受歡迎的品種。除此之外，還有許多不同的根部形狀及顏色，美麗的色彩還能令人在用餐時感到心情愉悅。

清脆的口感深具魅力

新鮮的小蘿蔔具有清爽的嚼勁。可作成沙拉、醋漬、一夜漬（即醃漬一夜的小菜）等。法國的餐桌上有種流行的食用法，將小蘿蔔去除葉子後，加上充分的無鹽奶油和少許岩鹽，就直接生食。小蘿蔔基本上是食用根部，但也有葉子鮮嫩，可拿來作成燉煮料理及醃漬料理的品種。

擁有「二十日蘿蔔」的日式稱呼為蘿蔔的同類

小蘿蔔是明治時期之後從歐洲傳入日本的迷你蘿蔔。雖然栽培期間短，但要在20天內收穫頗為困難，名稱其實過於誇大。

盆器隨意挑選

只要深度有10cm就可以栽培。亦即盆器的選擇性比其他蔬菜更廣。

小蘿蔔的品種

Colorful Five

有白、紅、粉紅、紫、淺桃紫等色彩豐富的品種。由於葉子鮮嫩，所以能活用於各式料理中。

取得方式：種子

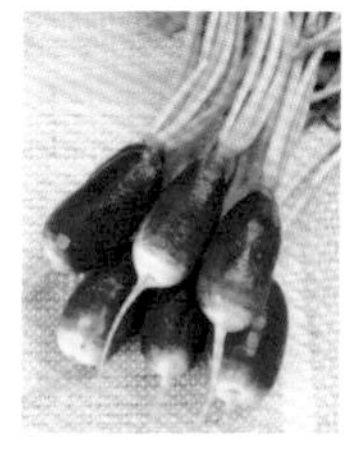

法式早餐

具紅白雙色，呈美麗的長蛋形，咬起來口感相當清脆，適合作成沙拉及淺漬品。

取得方式：種子

黃金小蘿蔔

甘甜且嚼勁好的黃色品種。在波蘭，自古就有栽培的紀錄。

取得方式：種子

3月下旬～5月下旬 使用壽司狀播種

於表土上挖出深約1cm的溝痕，再將種子撒成壽司狀。須避免種子重疊，並將種子逐一撒入溝痕裡，以5mm作間隔撒1顆種子為基準。接著覆蓋上泥土，以手輕壓，使種子混入泥土中。當撒好幾列種子時，溝痕的間距要保持約5cm至7cm。若有標準型盆器（容量約14L），就可以種2列。

4月上旬～6月中旬 播種後的2週要進行間疏

為了讓植株間距保持5cm，就必須間疏掉生長不良的植株。請不要傷到留下的植株，以剪刀進行修剪。或以手壓住植株的基部，直接拔除。

Point

植株間距5cm是重點

根菜類若不充分確保植株間距，就無法充分生長，就算是小型的小蘿蔔也一樣。當葉子混雜時就要進行間疏，以保持舒適的植株間距。

不到1個月就能收穫

大部分食用根及果實的蔬菜，從播種到收穫最快也要花2個月的時間。在這方面，由於小蘿蔔長不大，所以成長相當快速，也不需要追肥。除了盛夏和隆冬之外，都能從種子開始進行簡單地栽培。

可收穫期間

1月	2月	3月	4月	5月	6月	7月	8月

播種：3月下旬～5月下旬
間疏：4月上旬～6月中旬
收穫期間：4月下旬～6月下旬

4月下旬～6月下旬 看見長胖的根時就能採收

當直徑變成2cm至3cm的根，慢慢地往地表上冒出時，就是收穫的信號。若採收太慢，表皮就會迸裂，所以要儘早拔取。

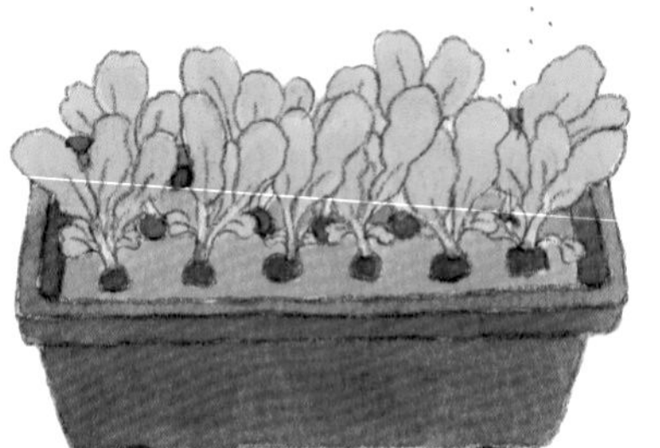

準備

準備10cm以上的盆器

將盆底網覆蓋在盆器的底穴上，並在底部鋪上一層盆底石（大顆的赤玉土等），再放入培養土，請記得留出距盆器邊緣2cm至4cm的water space。此外，泥土的表面要事先弄平整。但盆底已設有格狀物時，就不需要盆底網和盆底石。

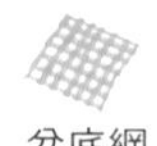

盆底網

盆底石

培養土

這樣的吃法如何呢？

小蘿蔔的日式稱呼為二十日蘿蔔（Haakadaikon）。由於可短期間內收穫且外觀相當可愛，是相當適合新手培育者挑戰的蔬菜。

將剛採摘的新鮮小蘿蔔整顆放入味噌湯中，就能享受到甘甜與清脆的雙重口感。紅色品種若作成甜醋漬，其顏色會變得更加鮮豔。不過，若醃漬太久，漂亮的顏色反而會流失，因此最好是以能保有嚼勁的淺漬方式醃漬。但不論使用何種烹煮方式，餐桌都會因此變得非常熱鬧，也會充滿鮮豔的色彩。

這時候該怎麼辦？ Q&A

Q 要種出外型優良的小蘿蔔，該怎麼作呢？

A 重點在於要有足夠的植株間距（植株與植株的間隔）。若間隔太窄，小蘿蔔就不會長得肥碩。此外，當土壤中水分不穩定時，也會導致外皮裂開。因此請注意不要忘記澆水，但也不要澆太多水。

Q 葉子上出現許多如同白色條紋的圖案，這樣可以食用嗎？

A 這是潛蠅（Agromyzidae）幼蟲所遺留下的痕跡。牠們會潛入葉子的表裡之間（葉肉），蠶食葉肉。由於會留下如同畫圖般的痕跡，所以也被稱為「畫畫蟲」。這種幼蟲會待在線的最尖端部分，可使用手指從葉上捏死。若能摘除受害的部分，食用上並沒有問題。

不同的吃法

若將鹽和奶油添加在剛採摘的小蘿蔔上，即能以法式風格品嚐。超級簡單的食譜，卻能引導出小蘿蔔的甜味，也令美味更加倍。

青椒

能長期收穫 也容易栽培 十分出色的蔬菜

擁有能支撐成熟果實的支柱，所以就算不進行困難的剪枝步驟也沒關係。收穫時，只要修整擁擠處，就能使外型變得工整。由於能長期收穫，所以不要忘記勤於澆水和追肥。

青椒一旦成熟，外表就會從橘色變成紅色。此外，竹簍上放置的是辣椒「鷹爪」。

不耐低溫 所以要注意種植的時機

青椒幼苗不耐寒冷，據說種植的適溫是17℃至18℃。在幼苗大量上市的時期，氣溫還很低，因此看清種植的時機很重要。

青椒是 沒辣味的辣椒

青椒的英文是Sweet pepper（＝甜辣椒）。在完全沒辣味的辣椒中，鐘形的被稱為青椒。由於被改良成果肉厚又大，且增加可食用的部分，導致其內部產生空洞。

獨特的青椒味中 隱藏著秘密

青椒是營養價值很高的蔬菜，含豐富抗氧化力強的β胡蘿蔔素及維生素C。味道源自於所謂的吡嗪（Pyrazine）成分，此成分有助於血液的流通。

收穫期間長 所以要勤於追肥

由於不必花費太多工夫，就會不斷地結果實，所以要勤勞地進行追肥。當果實長得太碩大，植株會無法支撐，因此要果斷地趁果實還幼嫩時進行採收，以減輕植株的負擔，如此一來也能大量收穫。

青椒與彩椒

被稱為paprika或彩椒的是大型肉厚的品種。由於要完全成熟，且帶有顏色後才能採收，所以栽培時間較青椒久。彩椒不僅沒青椒味也沒苦味，反而還帶有甜味，因此很適合直接生吃。由於要完全成熟，所以皮會變硬，營養價值沒有青椒高。

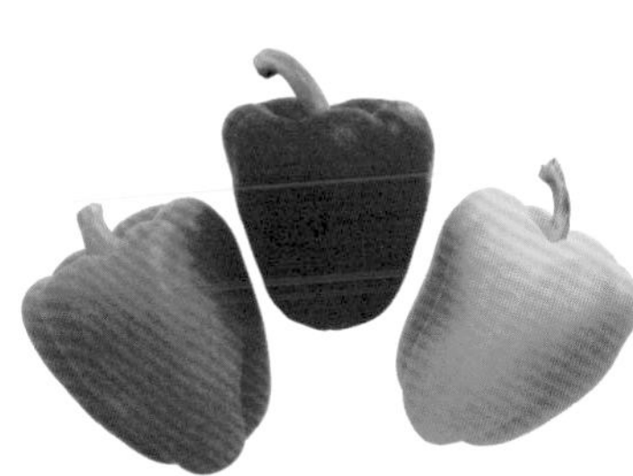

5月上旬～6月下旬

種植本葉7片至10片的幼苗

準備長得健壯的幼苗，注意不要弄散根部土球，將幼苗的基部挾在手指之間，倒過來後從小塑膠盆中取出。接著於盆器中央挖個洞穴，放入幼苗，並於根部土球上薄薄地覆蓋一層泥土，再將植株基部的泥土輕輕地壓實。之後沿著主枝，將約100cm的支柱豎立在距基部3cm至4cm處，並以繩子打8字型結固定。最後澆水澆至水從盆底滲漏出來的程度。

※從種子開始栽培時，請參考P.11的小塑膠盆播種欄。

5月上旬～6月下旬

摘除側芽 豎立支柱

當主枝第一次開花後，要以手摘除其下長出的所有側芽。之後長出的側芽也要隨時摘除。接著等伸展出來的側芽長大時，就要豎立兩根長約150cm的支柱，並將樹枝尖端撐開似地誘導到支柱上。

9月 8月 7月 6月 5月 4月

種植
摘除側芽・立支柱
追肥
整枝
收穫期間

能收穫期間

5月下旬～6月下旬

收穫最先長出的果實 並開始追肥

為了讓養分能回到植株的成長上，最先長出的果實要儘量趁幼小時採摘。當出現最初的果實後，就要開始補充肥料（追肥）。每株皆輕輕地抓1撮（10g程度）化學肥料撒在植株的周邊，並以手指淺淺地撥鬆泥土，使肥料能滲入土壤中。之後，每隔2週就要追肥1次。由於青椒不耐乾燥，當土壤表面開始乾燥時，就要充分地澆水。

準備

準備25L以上的盆器

由於要立支柱，所以需要30cm的深度。將盆底網覆蓋在盆器的底穴上，並於底部鋪上一層盆底石（大顆的赤玉土等），接著放入培養土，請記得留出距盆器邊緣2cm至4cm的water space。但盆底已設有格狀物時，就不需要盆底網和盆底石。

盆底網

盆底石

培養土

這時候該怎麼辦？

Q&A

Q 好不容易開的花都掉落了。

A 花不可能全部都結果實，能持續栽培到收穫為止，大約只占其中的五成至六成。不過，當大部分的花都掉落時，就得思考其原因，有可能是肥料不足，或乾燥所造成的植株疲乏。若是出現此類問題，就要儘早作出因應措施，例如：追肥、澆水、剪枝等。

Q 果蒂附近有孔洞，是被蟲啃咬的痕跡嗎？

A 應該是煙實夜蛾（學名：Helicoverpa assulta）的幼蟲蠶食的吧！趁青椒還小時，幼蟲會鑽洞進入果實裡，將籽吃掉後長大。因此，一旦發現洞穴或糞便的蹤跡時，就要儘快驅除害蟲。

青椒

6月上旬～10月下旬

請儘早採摘

當果實長度達到5cm至6cm時，就是適當收穫期。若是儘早採收，就能減輕植株的負擔，也會不斷地長出新果實，進而能長期享受收穫的樂趣。由於樹枝容易折斷，採收時請以手拿著果實，再使用剪刀剪斷果蒂的部分。

11月 10月

6月上旬～10月下旬

當葉子混雜在一起時就要修整內側樹枝

當表葉混雜在一起時，就要修剪往內側生長的樹枝。這樣不僅有助於通風，也會促進樹枝的生長，還可以預防疾病及害蟲。

Point

當側枝上開花時，請剪掉上面的樹枝，只留靠近花上面的1片葉子。等果實長大並完成收穫後，則留下2片葉子，並剪掉長果實的樹枝。

青椒品種

青椒 及其他

家庭菜園用品種，種類相當豐富。有鐘形、圓筒形及香蕉形等。

Pi太郎

長約10cm的火箭形狀，果皮光亮。除了不太具備青椒特有的苦味與味道之外，本身還帶甜味且多汁。
取得方式：種子
標準果重：約40g

翠玉二號

果實無皺褶，外表呈深綠色且果肉厚。非常耐熱、乾燥與疾病，所以很容易栽培，也有很長的收穫期。
取得方式：種子
標準果重：約40g

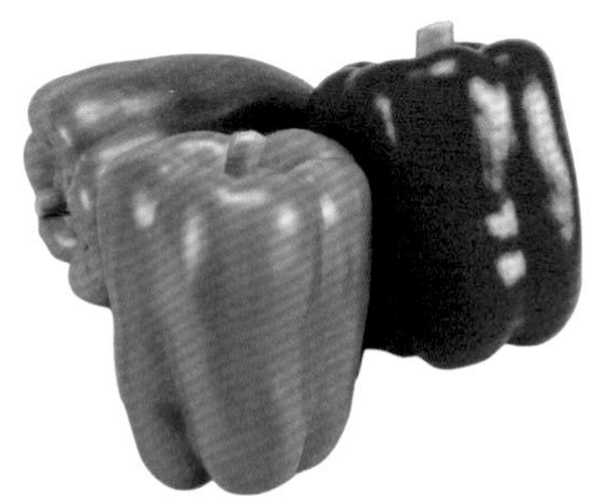

Wonderbell（Paprika）

呈鐘形，表皮具光澤且無瑕疵的是優良品種。會從深綠色慢慢地成熟，最後轉換為紅色且甜度增加。植物活力（plant vigour）強，也能長期栽培，所以適合家庭菜園。
取得方式：種子
標準果重：約150g

聖紐麗塔

形狀如同柿子般的水果彩椒，很容易著果。若是搭配未成熟果（綠色），可使用四色作成沙拉等。
取得方式：種子
標準果重：約50g

新星

果皮具光澤感，且為橫向生長，最後會形成碩大的青椒。從初期就會不間斷地長果實，所以能夠持續採收。
取得方式：種子
標準果重：約40g

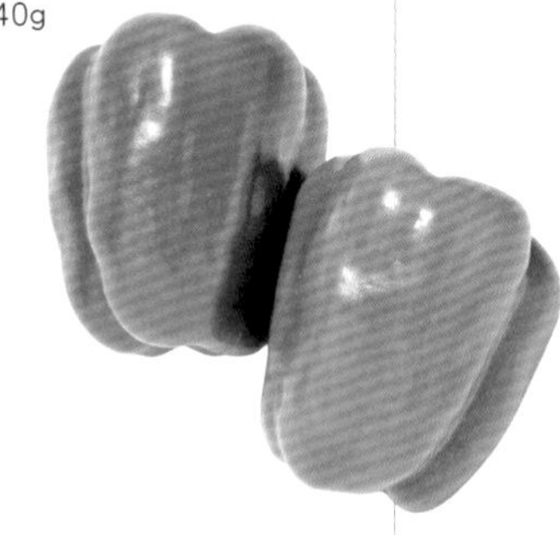

京光

耐病毒性疾病強，即使種植在低溫、少日照或高溫的環境下都能結實纍纍，相當容易栽培。果皮呈深綠色且富含光澤。
取得方式：種子
標準果重：約30g

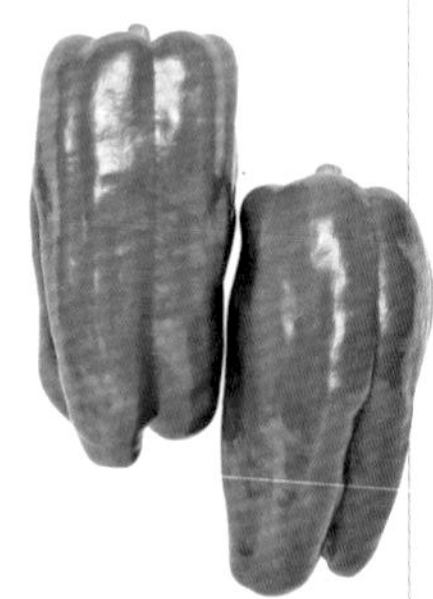

Gabriel 紅色

糖度為9度至10度，如同水果般，甜味相當高。除了能直接生吃之外，也屬於多汁的彩椒。
取得方式：幼苗
標準果重：約100g

white horn

本氣野菜Paprika（green、lime、white）

新鮮的果肉不太具備青椒的澀味與苦味，且本身還帶有甜味。若能儘早收穫，就會不斷地結果實，可拉長收穫期。
取得方式：幼苗
標準果重（green horn）：約30g至50g
標準果重（lime horn）：約30g至60g
標準果重（white horn）：約30g至40g

辣椒

未成熟、尚帶青色的辣椒富含維生素C，且辣椒葉還能作成佃煮。

伏見甘長辣椒

栽培在京都伏見地區的傳統蔬菜。果長約10cm至15cm，收穫時能獲得豐碩的成果。由於辣度不高，可廣泛運用於料理中。
取得方式：種子

鷹爪

果實呈束狀生長，一串上面會結許多的果實。果長約2cm至5cm，屬於小型辣椒。辣味極強，常於乾燥後作為辛香料使用。
取得方式：種子、幼苗

韓國辣椒

在韓國栽種的辣椒。辛辣程度依種類不同，可分為超辣、中辣、微辣及麻辣等各種不同的類型。
取得方式：種子、幼苗

萬願寺辣椒

在京都萬願寺地區栽培的京蔬菜。果長約10cm的大型辣椒，靠近花萼的部分會變細。本身無辣味且微帶甘甜感。
取得方式：種子、幼苗

島辣椒

沖繩傳統品種，也稱為kooreegusu（或高麗胡椒）。果長約2cm，辣味強。主要醃漬在沖繩特產的燒酒中，當作調味料使用。
取得方式：種子

墨西哥辣椒

短胖、楔形的辣椒，是墨西哥料理中不可欠缺的食材。本身混雜著獨特的辣味和微甘的甜味。
取得方式：種子

獅子椒

由於果實尖端有凹陷，彷彿獅子的嘴巴般，故以此命名。

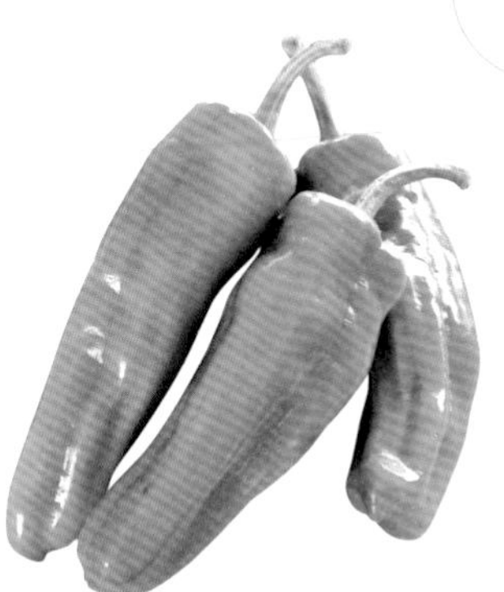

Super 獅子椒

果長15cm至20cm、重約45g的大型獅子椒。具有濃郁的風味，且生產旺盛。
取得方式：幼苗

獅子椒

長圓筒形、屁股上帶有凹陷的小型辣椒。長期栽培會結很多的果實。由於果肉柔嫩，適合作成天婦羅，或用來炒菜等。
取得方式：種子

以回收盆器享受環保菜園的樂趣

利用身邊擁有的物品，盡情地種菜吧！請一定要先挖出排水用的底孔後，再栽種。

竹簍

由於容易排水，所以得於內部先鋪設塑膠布後再使用。但請不要忘記開幾個排水用的小孔洞。

以飲料的鋁箔包打造熱鬧氛圍的菜園

擁有彩色圖案且具耐水性的鋁箔包，可作為菜園中的亮點。適用於根部會長得很長的蔬菜。

以紅酒木箱打造自然菜園

好看但不耐用的木箱，在以鐵絲補強之後就能用來種菜。請先使用電鑽鑽出底洞吧！

保麗龍箱質輕又方便

保麗龍箱既輕又方便處理，且能輕易取得，這也是它深具魅力的原因。請盡量選用較厚的材質種植蔬菜。

可用來培育幼苗的紙杯

除了能用來栽培一株株的小蘿蔔及小蕪菁之外，也能撒入芝麻菜、貝比生菜的種子。可取代黑色小塑膠盆，直接作為育苗用杯，外型相當有趣。

利用普普風空罐打造主題菜園

外表擁有顯眼且引人注目的可愛圖案，但澆水後容易生鏽，只能短時間使用。（圖中種植的蔬菜是大頭菜）

呈現一體感的優格容器

在塑膠製優格杯中撒入貝比芝麻菜的種子，培育到適當的大小時，就直接剪下來作成沙拉。

四季豆

若錯開播種期就能長期收成

屬於發芽率高、幾乎不需要花費工夫照顧的優質蔬菜。若選擇耐高溫的品種，即可於七月時再播種。雖然具藤蔓的品種需要支柱及網架，但也別有一番培育的樂趣。若趁著果實幼嫩時進行採收，還能拉長收穫期。

左邊是一般的四季豆，右邊則是扁平種的Morocco。

營養豐富的黃綠色蔬菜

不僅β胡蘿蔔素、維生素C的含量豐富，也含有維生素B群及礦物質等。此外，幼嫩的四季豆還具備有助於恢復疲勞及美肌作用的天冬氨酸（aspartic acid）和離胺酸（lysine）。

打造成紙燈籠形的獨特姿態可謂別具風情

將蔓性蔬菜當作綠化植物觀賞，可謂十分有趣。蔓性植物有各種塑型栽培法，尤其是燈籠形，不但可抑制高度，採收時也較為輕鬆。

蔓性品種會不斷地長出果實，可享受長期收穫的樂趣

蔓性品種會不斷地伸展出藤蔓，所以要隨時將其誘導到支柱及網架上。此外，由於會持續地結果實，可享受長達約2個月的收穫期。另一方面，無藤蔓品種的高度只會長到約50cm，所以能直接栽培在盆器裡。大約培育1個月的時間就能長出果實，也能獲得豐碩的收穫。

自家栽培即可品嚐到新鮮果實的美味

豆科蔬菜剛採摘的新鮮風味，並非市售的產品可以比擬。趁幼嫩時採摘的四季豆，只要稍微經過汆燙，就能體會到新鮮的美味。若太晚採摘，不只豆莢會變硬，風味也會變差。因此為了避免錯失時機，在收穫期時要每天進行巡視。

四季豆品種

Morocco四季豆

寬幅寬，屬於扁平品種。肉厚，但實際上相當柔嫩，只要稍微汆燙即可食用。

彩色四季豆

可裝飾家庭菜園的彩色品種。但紫色的豆莢在經過烹煮後就會變成深綠色。

清脆王子

表皮薄，沒有四季豆特有的纖維感，且口感很清脆。細長且彎曲的類型極少，是具光滑表面的圓形四季豆。非蔓性品種。

取得方式：種子

Super shot

彎曲少、果長約13cm，具有相當的份量。非蔓性品種，但容易栽培且收穫量大，很適合家庭菜園栽種。

取得方式：種子

準備

準備容量12L以上的盆器

由於要立支柱，所以需要約30cm的深度。將盆底網覆蓋在盆器的底穴上，並於底部鋪上一層盆底石（大顆的赤玉土等），再放入培養土，請記得留出距盆器邊緣2cm至4cm的water space。

盆底網　盆底石　培養土

5月上旬～6月上旬

植株間距20cm，使用點狀播種

間隔20cm，挖出直徑約5cm、深1cm的播種穴，分別在每個洞穴撒入3顆至4顆種子，切勿讓種子重疊。接著周邊的泥土聚攏，覆蓋住種子，並以手掌輕壓，再澆水澆至水會從盆底滲漏出來的程度。由於豆類的種子容易被鴿子等鳥類啄食，直到種子長出本葉為止，都要覆蓋切開的保特瓶，或以市售的防蟲網等覆蓋住整個盆器進行保護。

5月中旬～6月下旬

當本葉長出2片時就間疏成1株

間疏掉長得不好的幼苗，一處只留1株。為了避免傷到殘株，請以剪刀剪除，或以手壓著植株基部，直接拔除。

	4月	5月	6月	7月	8月	9月
播種	4月下旬 → 6月上旬					
間疏	5月上旬 → 6月下旬					
立支柱&誘導	5月下旬 → 7月中旬					
收穫期間	6月上旬 → 8月下旬					

能收穫期間

Point

當葉色變差時就要補給營養

幾乎不需要追肥，但當葉子顏色變差時，每一株抓1撮（3g）化學肥料撒在植株的周邊進行追肥，並以手指淺淺地撥鬆泥土，使肥料能滲入土壤中。接著將泥土聚攏覆蓋在植株基部上，再輕輕地壓實。

6月上旬～7月中旬

豎立支柱並配合成長進行誘導

事先立好約1m至1.5m的支柱。當長出藤蔓時，就隨時捲曲誘導。

6月下旬～8月上旬

趁果實柔嫩時進行採摘

開花後約10天即可進行採摘。以豆莢長12cm以上為基準，可使用剪刀等剪下豆莢。倘若豆莢變硬，風味就會變差，所以必須儘早採摘。

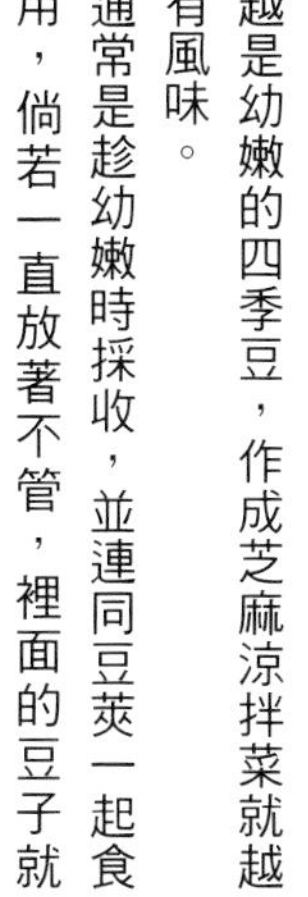

Point

從播種到收穫不到2個月

屬於栽培期間短的結果實蔬菜，播種後約50天就能收穫。由於一年能採收三次，所以也被稱為「三度豆」。

四季豆經過成熟期後會變成什麼？

越是幼嫩的四季豆，作成芝麻涼拌菜就越有風味。

通常是趁幼嫩時採收，並連同豆莢一起食用，倘若一直放著不管，裡面的豆子就會逐漸變胖，豆莢也會跟著變硬。若將完全成熟的豆子進行乾燥，就會變成我們所熟知的食材。「金時豆」、「白芸豆」、「斑豆」、「虎豆」等是幾種最具代表性的豆子。

與四季豆十分相似的豇豆，若趁幼嫩時採摘，就能連同豆莢一起食用，但完全成熟後再採收，就只能當作豆子吃。常用於紅豆飯中的就是紅豆或豇豆的豆子。

11月 10月

這時候該怎麼辦？

Q&A

Q 若果實上長了蚜蟲，還能食用嗎？

A 當肥料給予太多，或通風不佳，就會出現長芽蟲的情形。請試著先確認生長環境，並查明蚜蟲出現的原因。此外，令人在意的蚜蟲，可使用膠帶沾黏清除或以水清洗乾淨。去除蚜蟲後，四季豆即可食用。

水耕栽培

您可知道，有幾種陳列在超市架上的蔬菜，不是使用「土壤」栽培出來的嗎？根部裹在海綿裡的鴨兒芹等葉菜類蔬菜，就是水耕栽培的蔬菜。

水耕蔬菜是將種子撒在方盤中，在流著含肥料成分的水溶液內所生長。對蔬菜而言，土壤具有什麼意義呢？

植物在泥土裡生根，支撐自己的植株。由於泥土內蓄積著水、氧，還有養分，植物可以從根部吸取這些生長的要素。但若沒有泥土，植物就缺乏成長要素，導致無法發芽、成長。而在這種情況下，出現了另一種讓植物獲得成長要素的栽培方式。

我們將這種不使用泥土的栽培方法稱為「水耕栽培」或「營養液栽培」。即使不使用專門的器具，也能以Planter作為簡單地培育方式。

雖然有很多適合水耕栽培的蔬菜，但若是從春天開始培育，種植番茄等果菜類會較為有趣。

種植的盆器可選用從超市等所取得的保麗龍容器（裝魚的保麗龍容器會帶有腥味，要避免使用），以此進行加工再利用吧！

水耕栽培的重點在於，培養液中的肥料成分濃度要盡量保持穩定。保麗龍容器若是選用小型款，只要每隔約10天至2週，就將其中的培養液全部更新，即能以適合蔬菜的「肥料濃度」持續地栽培。

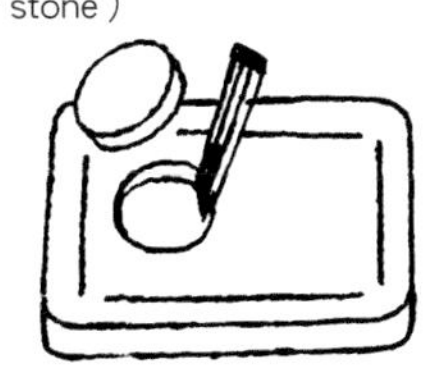

材料
- 幼苗
- 5號的塑膠盆
- 椰皮墊（百圓商店）
- 金魚用的空氣幫浦（air pump）和氣石（air stone）

1

以美工刀在保麗龍容器（約40×60cm）的蓋子部分，挖出可裝入塑膠盆的孔洞。

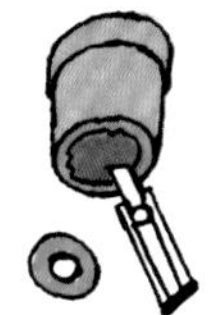

2

切除塑膠盆底，並塞入以水泡發的椰皮墊。

3

將幼苗連同培養土一起，以椰皮墊裹捲起來，再放入塑膠盆裡。

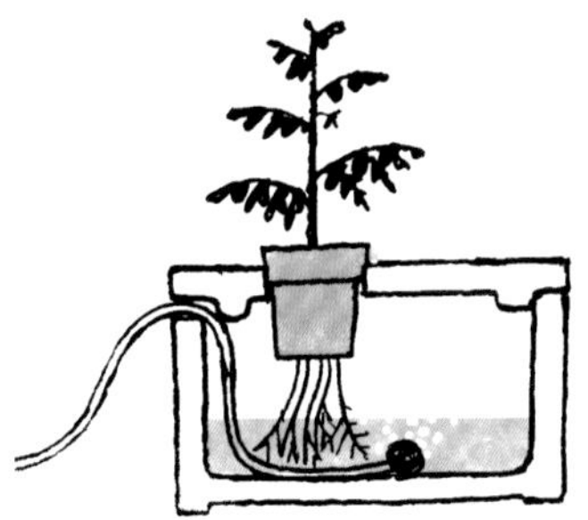

4

依使用說明書稀釋培養液，讓塑膠盆底一直保持著濕潤狀態。經過1週至2週後，根部就會往下生長。此時即使培養液的水位下降，只要根部有浸到培養液即可。

5

夏天時，培養液減少的速度會變快，因此每隔2天至3天就要確認培養液的容量，並每隔2週至3週就將培養液全部更新。

當收穫豐碩時，就要簡單地製作成可儲藏的食物。
既然是以享受美食為目的，
保存的時間當然不可能太長。

作成漬物可豐富餐桌菜色

可製成鹽漬、醬油漬、米糠漬、鹽麴漬、味噌漬、芥末漬、甜醋漬及泡菜等各式各樣豐富的漬物。由於與沙拉相近，不知不覺中就會大量地食用，所以製作時必須要謹慎地控制鹽分。

以日曬的方式去除水分

將切片的蔬菜排列在竹簍上，只要曬太陽就能去除水分、將美味濃縮。由於是半生狀態，所以容易發霉，除了要放在冰箱保存之外，也要儘早食用。番茄、茄子、小黃瓜、青椒、秋葵、苦瓜、蕪菁及蘿蔔等蔬菜都可以試試看此作法。
曬得越乾燥，保存性就會越高。

番茄汆燙後即可冷凍保存

以熱水汆燙去皮的番茄，再整顆冷凍保存。除了可拿來作成番茄醬之外，同時也是咖哩、濃湯等燉煮料理的珍貴食材。

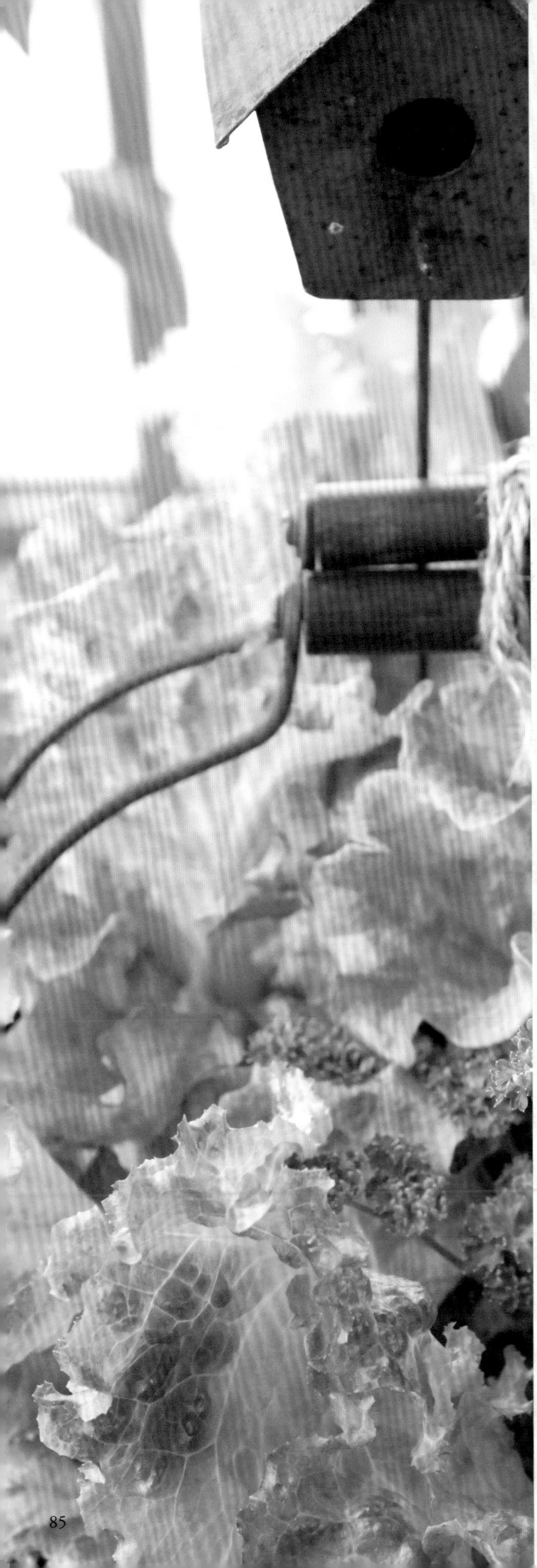

從秋・冬開始

此處介紹從播種、種植直至收穫為止，須花1.5個月的秋冬蔬菜。

即使失敗也沒關係，還有挑戰的機會！

栽培日誌——秋・冬

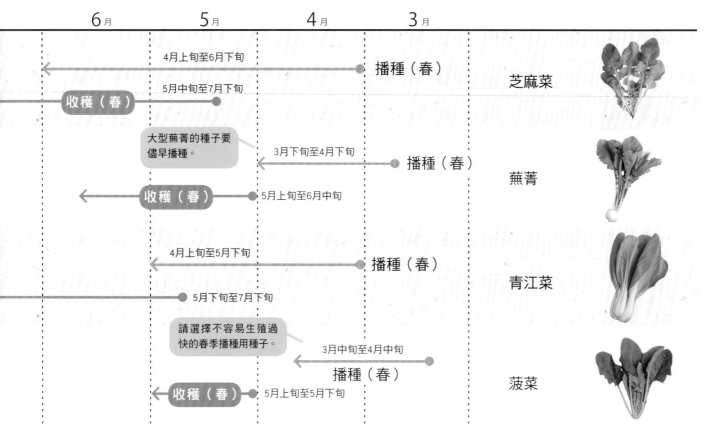

6月　5月　4月　3月

芝麻菜

播種（春）　4月上旬至6月下旬

收穫（春）　5月中旬至7月下旬

蕪菁

大型蕪菁的種子要儘早播種。

播種（春）　3月下旬至4月下旬

收穫（春）　5月上旬至6月中旬

青江菜

播種（春）　4月上旬至5月下旬

5月下旬至7月下旬

菠菜

請選擇不容易生殖過快的春季播種用種子。

播種（春）　3月中旬至4月中旬

收穫（春）　5月上旬至5月下旬

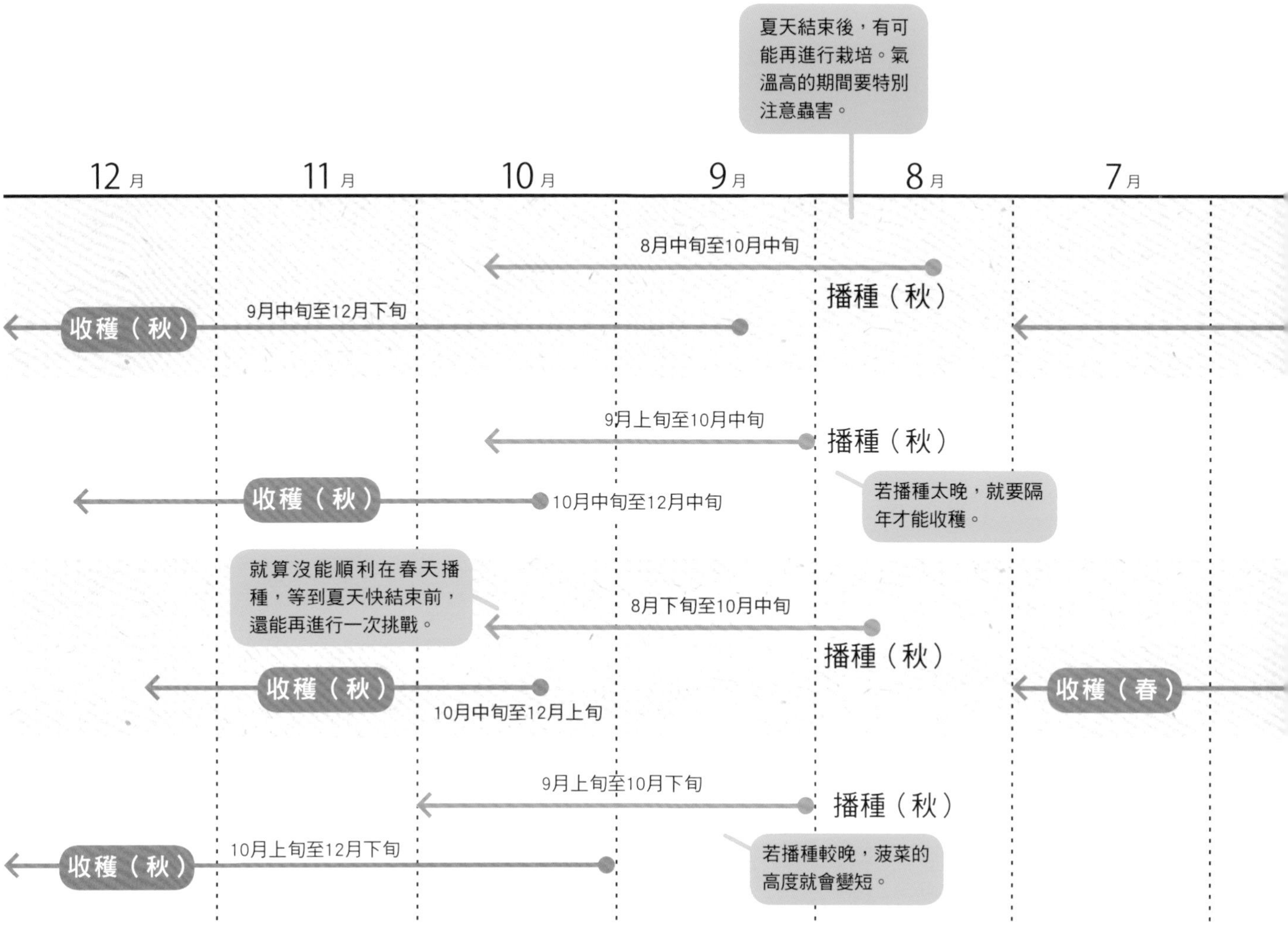

夏天結束後，有可能再進行栽培。氣溫高的期間要特別注意蟲害。

12月	11月	10月	9月	8月	7月

8月中旬至10月中旬

播種（秋）

收穫（秋） 9月中旬至12月下旬

9月上旬至10月中旬

播種（秋）

若播種太晚，就要隔年才能收穫。

收穫（秋） 10月中旬至12月中旬

就算沒能順利在春天播種，等到夏天快結束前，還能再進行一次挑戰。

8月下旬至10月中旬

播種（秋）

收穫（秋） 10月中旬至12月上旬

收穫（春）

9月上旬至10月下旬

播種（秋）

若播種較晚，菠菜的高度就會變短。

收穫（秋） 10月上旬至12月下旬

芝麻菜

具獨特的風味 生長期間要特別注意蟲害

香氣與芝麻相似，口感清爽辛辣類似水芥菜，吃起來相當令人上癮的芝麻菜。若栽培在盆器裡，並放置於廚房附近，隨時都能摘取使用，非常方便。不過有許多蟲子都頗喜愛食用它的嫩葉，所以當氣溫高時得採取防蟲對策，例如：架設防蟲網等。

收穫時可選擇整株拔起，或先從外葉採摘。

能品嚐到芝麻香＆刺激辛辣味魅力十足

十字花科（學名：Brassicaceae）的芝麻菜，外觀很容易被誤認為是菠菜，但只要吃一口，宛如芝麻般的香氣就會在口中擴散開來。同時，如同水芥菜般的清爽辛辣感，又會讓人瞬間感受到刺激性，是一種相當不可思議的葉菜類。雖然帶有辛辣味，但越是幼嫩的葉子會越溫和。

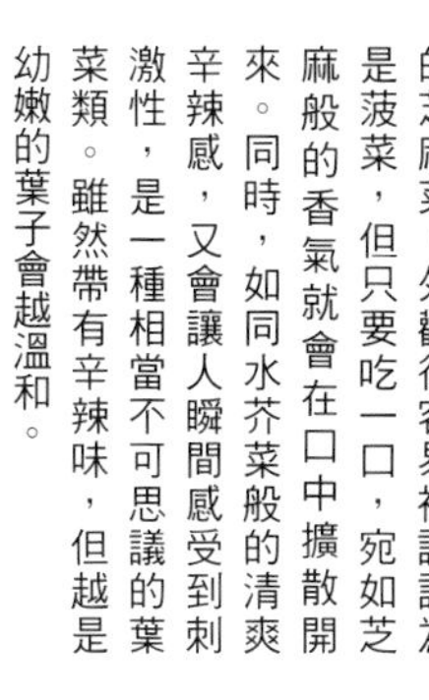

屬於義大利料理中基本的香草類

隨著義大利料理的普及，芝麻菜也逐漸在日本獲得人氣。在義大利，日常餐桌上常見得到芝麻菜的蹤影。芝麻菜不僅是沙拉中不可或缺的一員，還會被當作披薩的頂飾，或被加入義大利麵及義大利燉飯中。

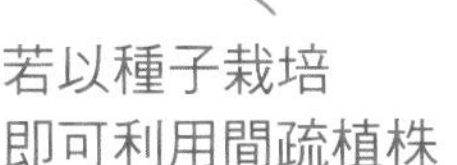

若以種子栽培即可利用間疏植株

在適合種植期間，會有幼苗上市，但若從種子進行培育，中途因間疏而摘除的植株，就能當成貝比生菜利用，可謂一舉兩得，且還能在春天和秋天兩季進行栽培。

芝麻菜的品種

Rucola selvatica

也稱為野生芝麻菜，是原生種。香氣及辣味皆十分強烈，與義大利料理很相配。

芝麻菜的營養成分與作用

芝麻菜富含豐富的維生素C、E，鈣約是青椒的15倍，鐵則與長果種黃麻相當，營養價值相當出眾。且抗氧化作用高，是具備打造美肌效果的蔬菜。

半日照栽培法

倘若受到太多強烈陽光的照射，芝麻菜的葉子就會變硬。因此只需要照射陽光約3小時至4小時即可，之後就算放置在半陰涼處也沒關係，如此一來葉子才會變得柔嫩。

使用壽司狀播種

4月上旬～6月下旬 春

8月中旬～10月中旬 秋

於表土上挖出深約1cm的溝痕，再將種子撒成壽司狀。須避免種子重疊，並將種子逐一撒入溝痕裡，以5mm作間隔撒1顆種子為基準。接著覆蓋上泥土，以手輕壓，使種子混入泥土中。當撒好幾列種子時，溝痕的間距要保持約8cm至10cm。若有標準型盆器（容量約14L），就可以種2列。

分2次間疏

第一次是在長出本葉2片至3片時，間疏成植株間距約2cm至3cm。第二次是在本葉變成4片至5片時，間疏成植株間距約4cm至5cm。

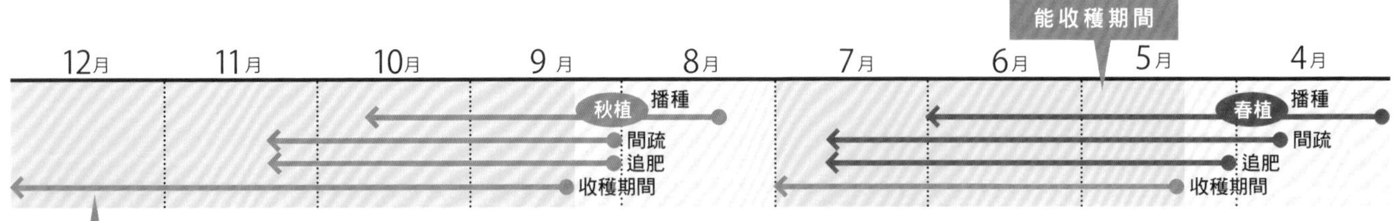

準備

準備10cm以上的盆器

將盆底網覆蓋在盆器的底穴上，並於底部鋪上一層盆底石（大顆的赤玉土等），再放入培養土，請記得留出距盆器邊緣2cm至4cm的water space。最後再將土壤表面弄平整。但盆底已設有格狀物時，就不需要盆底網和盆底石。

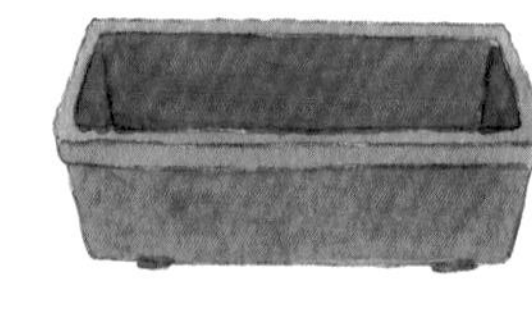

盆底網　盆底石

培養土

第2次的間疏後進行追肥

5月上旬～7月中旬 春

9月上旬～11月上旬 秋

每2株植株就抓1撮（3g）化學肥料撒在植株之間。追肥後，以手指淺淺地撥鬆泥土，使肥料與泥土混合。接著將泥土朝植株基部聚攏後，輕輕地壓實，並修整間疏後植株基部的鬆動處。

趁葉子幼嫩時採收

5月中旬～7月下旬 春

9月中旬～12月下旬 秋

當植株高度變為15cm以上時就是收穫期。可選擇將整顆植株拔起，或使用剪刀從植株基部剪下。也可以從外葉開始採摘，慢慢地食用。

這時候該怎麼辦？

Q&A

Q 葉子上出現很多孔洞？

A 這是小菜蛾（Plutella xylostella）的幼蟲所遺留的啃咬痕跡。這種身長約1cm的綠色蟲子會停留在葉背的葉脈附近，一旦發現後就要立刻清除。

Q 葉子硬、苦味就重，該怎麼辦才好？

A 採收植株高約10cm至15cm的小葉子，口感就會很鮮嫩且苦味不重。但若栽培時間過長，導致葉片變硬時，可在4cm至5cm處剪斷，之後再採收新長出來的葉子即可。

辛辣的真面目？

芝麻菜具備近似芝麻般的香氣與清脆辛辣的特徵。它的辛辣和芥末、辣椒所含的成分相同，據說含有抗菌、抗癌等作用。從前在西方，它還被當作「春藥（philter）」使用。芝麻菜能使人受到誘惑的真面目，大概是源自於其刺激的辛辣味吧！

義大利有更辛辣的野生芝麻菜（*Rucola selvatica*。請參見P.89），經常能在道路旁或庭園角落看到此品種，是相當常見的蔬菜。由於太過辛辣，所以通常是將其撕碎後綴飾於料理中。

倘若不能吃辣，可將芝麻菜作成燙青菜或用來煮火鍋。只要加熱後，辣味就會減緩。

蕪菁

「間疏」和維持「植株間距」是保持蕪菁外形優美的關鍵

雖然整年皆可培育，但若在蟲子變少的秋天進行播種，會比較容易栽培。撒下種子後，大約經過兩個月就能收穫水嫩的蕪菁。請好好地享用既鮮嫩又富含營養價值的葉子吧！蕪菁還有許多在地的品種，不妨都試著種植看看！

以日本關東為中心，廣為流通的小蕪菁，特徵為表皮雪白且光滑。長至約6㎝時即可進行採收。

葉子是營養價值最高的部位

白色根的部分含有消化酵素澱粉酶（diastase），具有舒緩胃下垂、胃灼熱的效果。而葉子裡含β胡蘿蔔素、維生素C、鈣等，營養最豐富。請開心地吃光自家所栽種的新鮮葉子吧！

若不想栽培失敗 就在秋天播種

雖然一整年都可以培育蕪菁，但它原本就是秋天播種、冬季收穫的蔬菜。由於此時期的蟲子較不活躍，所以承受著寒冷慢慢生長的蕪菁，不但甜味強、肌理也不會變細。若是選擇春天播種，由於容易長蚜蟲、青蟲及小菜蛾的幼蟲，必須要勤勞巡視。

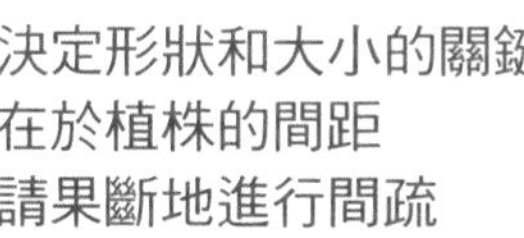

決定形狀和大小的關鍵 在於植株的間距 請果斷地進行間疏

由於種子會競相發芽，且長大後會變得肥碩，因此需要確保充分的空間。倘若間疏不夠，植株間距較窄，就會導致外型不美觀。為了確保植株間距，要果斷地進行間疏。間疏時摘取的葉子，既能作為湯的材料，也能作成燙青菜食用。

乾燥和過於潮濕皆是大敵 也是根部龜裂的原因

蕪菁不耐乾燥和過於潮濕。若土壤中的水分不均衡，根部就會出現龜裂的情形。倘若採收太慢，內部長得太過肥碩也會導致龜裂。尤其是選擇春天播種時，由於成長快速，須特別留意。

使用壽司狀播種

於表土上挖出深約1cm的溝痕，再將種子撒成壽司狀。須避免種子重疊，並將種子逐一撒入溝痕裡，以5mm作間隔撒1顆種子為基準。接著覆蓋上泥土，以手輕壓，使種子混入泥土中。播種2列時，溝與溝的間隔要10cm以上。

4月上旬～5月上旬 春
9月中旬～10月下旬 秋

距播種2週後進行第1次間疏

播種後大約經過2週，當植株長到2cm至3cm時，就要間疏掉不健康的幼苗。為了避免傷到留下的植株，請以剪刀剪除，或以手壓著植株基部，直接拔除。

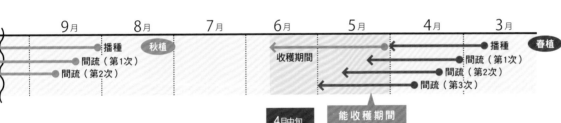

9月　8月　7月　6月　5月　4月　3月

春植：播種／間疏（第1次）／間疏（第2次）／間疏（第3次）／收穫期間

秋植：播種／間疏（第1次）／間疏（第2次）

能收穫期間

準備

準備10cm以上的盆器

可栽培在標準的Planter裡。將盆底網覆蓋在盆器的底穴上，並於底部鋪上一層盆底石（大顆的赤玉土等），再放入培養土，請記得留出距盆器邊緣2cm至4cm的water space。但盆底已設有格狀物時，就不需要盆底網和盆底石。

盆底網　盆底石

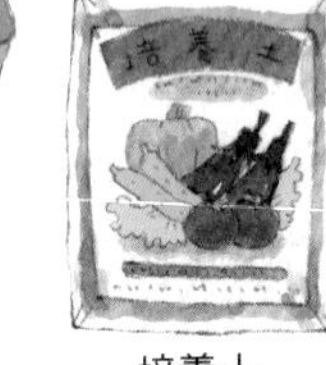

培養土

4月中旬～5月中旬 春
9月下旬～11月上旬 秋

第2次的間疏後就進行追肥

從前次間疏後約經過2週，當植株長到4cm至5cm時，就要再次間疏掉不健康的幼苗。為了避免傷到留下的植株，請以剪刀剪除，或以手壓著植株基部，直接拔除。間疏後，每2株植株就抓1撮（3g）化學肥料撒在條間（溝與溝之間），並以手指淺淺地撥鬆泥土，使肥料與泥土充分混合，再將泥土朝植株基部聚攏後，輕輕地壓實。

這時候該怎麼辦？

Q&A

Q 白色部分是蕪菁的「根」嗎？

A 一般都將圓形部分統稱為「根」，但從長出側根處到尖端細長的部分，才是真正的根，其他絕大部分屬於胚軸（形成莖的組織），試著培育看看就能瞭解。此外，從土壤中長出來的綠色部分只是莖的一部分。

各種紅色蕪菁

在日本各地的原生品種中，有許多紅色的蕪菁。此品種多半都是用來作成漬物，且經常成為當地的名產。由於種子的取得相當方便，要不要試著挑戰一下，種植這種令人懷念的故鄉蔬菜呢？

4月下旬～5月下旬 春
10月上旬～11月中旬 秋

第3次間疏與追肥

從前次間疏後約經過2週，當植株長到10cm至12cm時，就要再次間疏掉不健康的幼苗。為了避免傷到留下的植株，請以剪刀剪除，或以手壓著植株基部，直接拔除。間疏後，每2株植株就抓1撮（3g）化學肥料撒在條間，並以手指淺淺地撥鬆泥土，使肥料與泥土充分混合，再將泥土朝植株基部聚攏後，輕輕地壓實。

12月 11月 10月
收穫期間
間疏（第3次）
能收穫期間

5月上旬～6月中旬 春
10月中旬～12月中旬 秋

當根的直徑變成5cm以上時即可收穫

當根的直徑變成5cm以上，且有部分冒出地面時，就是適當的收穫期。請好好地抓住植株基部，直接向上拔起即可。倘若太慢採收，根部就會出現龜裂的情況，因此要儘早收穫。

蕪菁品種

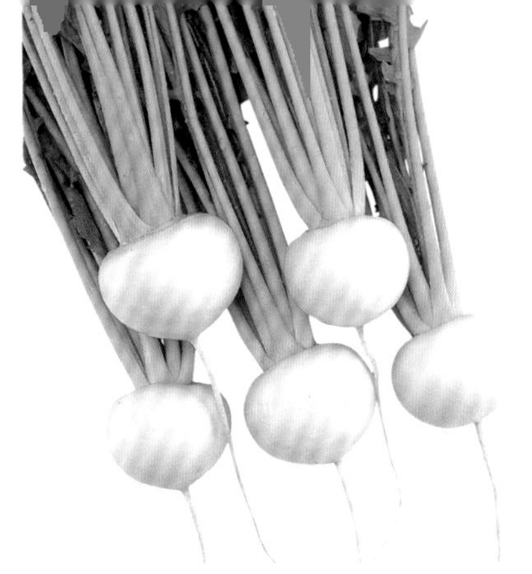

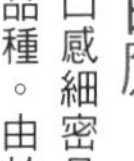

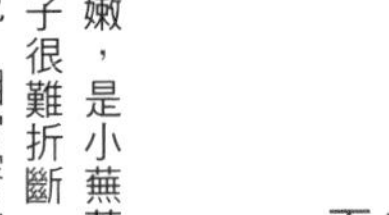

白鷹

口感細密且柔嫩，是小蕪菁的基本品種。由於葉子很難折斷，不太會出現畸形的情況，相當容易栽培。

取得方式：種子

雪童子

耐寒且不容易得白黴病，所以容易栽培。肉質柔嫩且帶甜味，很適合作成淺漬等。

取得方式：種子

白馬

具耐寒性，所以能周年栽培。由於肉質細密、柔嫩，且糖度高，相當適合作成沙拉。

取得方式：種子

Ayame雪

紫白雙色調的小蕪菁。肉質水嫩且甜味強，很適合作成沙或醋漬。

取得方式：種子

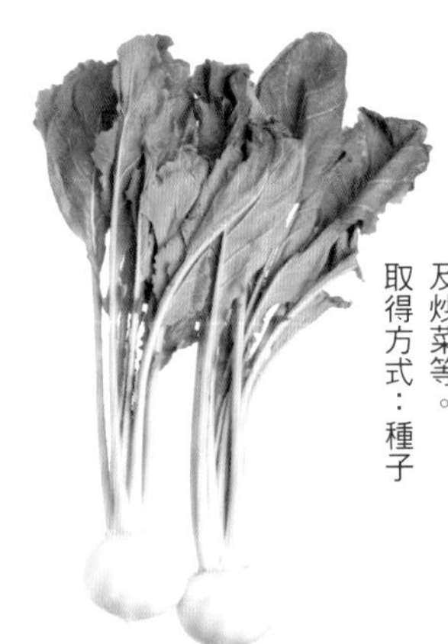

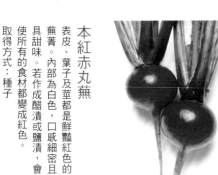

金町小蕪菁

以關東地區為栽培中心，是小蕪菁的基本品種。外觀為球形、具甜味和獨特的風味。適用於燉煮、醃漬及炒菜等。

取得方式：種子

耐病Hikari

強壯且成長快速。由於外觀很早成形，不必擔心根部龜裂等問題，相當容易栽種。

取得方式：種子

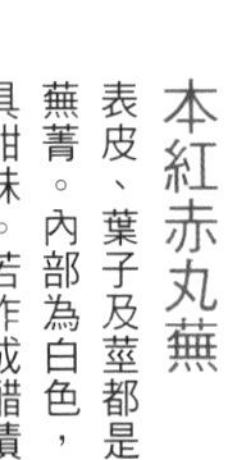

本紅赤丸蕪

表皮、葉子及莖都是鮮豔紅色的蕪菁。內部為白色，口感細密且具甜味。若作成醋漬或鹽漬，會使所有的食材都變成紅色。

取得方式：種子

玉波

耐熱又耐寒，於春、夏、秋皆能播種。可從小型至中型的蕪菁進行採收。由於肉質及葉子都很柔嫩，口感相當迷人。

取得方式：種子

青江菜

厚實的菜莖含有清甜美味

口感清脆且無澀味的青江菜，不論在日式、中式或西式的料理中皆能隨意搭配。由於營養價值高，是值得信賴的黃綠色蔬菜。可從種子開始培育，主要特徵為栽培期間長。

隨著葉片數增加，葉梗會橫向擴張，因此栽培的重點在於擁有足夠的植株間距。

乾燥是大敵

由於青江菜非常不耐乾燥，一旦過度乾燥，鮮度就會立刻下降。因此若是要生鮮保存，請先以噴霧器將青江菜整個噴濕後，再使用報紙包裹，並放入塑膠袋中，最後放入冰箱的蔬果室內。無法立刻使用完時，建議冷凍保存。可事先稍微汆燙，並趁著口感清脆時分成小朵，再以保鮮膜包裹後放入冷凍庫內。

各種不同的食用法

吃膩清炒方式時，要不要試著作成韓式拌菜（namul）呢？只要將稍微汆燙過且切成適當大小的青江菜，以鹽、芝麻油及蒜末拌勻即可。也可以加入切碎的海帶芽。

含豐富維生素及礦物質的中國人氣蔬菜

青江菜是中國原產的不結球白菜的同類。β胡蘿蔔素、維生素C・E等含量豐富，可預防生活習慣病。此外，鈣、鐵等礦物質的含量也多，是希望大家於日常生活中能多食用的健康型蔬菜。若與油一起攝取，維生素及礦物質的吸收率也會提高。

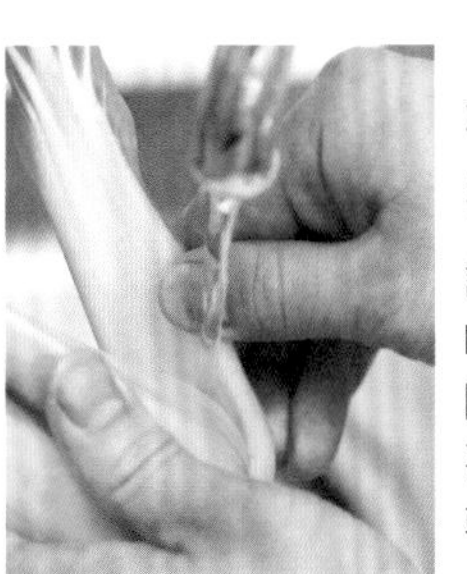

植株基部要充分地清洗

調理整株的迷你青江菜時，在莖與莖之間容易隱藏泥土等污垢，因此要使用流水充分地清洗乾淨。

健壯且生長旺盛！就算從種子開始培育也很輕鬆

耐熱又耐寒，所以能在春秋時進行栽培。除了每天澆水之外，進行數次間疏後，只要追肥1次即可。與其他的青菜一樣，也能利用間疏時拔下來的菜苗，可謂一舉兩得。在適當栽種時期也會有幼苗上市。

要種植出成功的青江菜就得保持足夠的植株間距

成功種植出優良青江菜的祕訣在於，要保持足夠的植株間距。請仔細地觀察其成長狀況，並反覆地進行間疏，就能種植出植株基部肥碩的青江菜。

種類

迷你青江菜

手掌尺寸，可以整棵調理，從播種到收穫的期間短是其魅力所在。

青江菜的油菜花

青江菜若是太慢採收，就會從正中央冒出花芽，園藝上稱這是「生長過頭」。但請不要直接丟棄，可作成燙青菜或中式炒菜等，亦十分的美味。其黃色的花朵也能使菜色顯得更繽紛多彩。此外，不僅比一般市面上的油菜花少苦味，還帶有微微的甜味。

青江菜的栽培日誌

（從播種到收穫須1.5個月）

4月上旬～5月下旬 春

8月中旬～10月中旬 秋

植株間距15cm，使用點狀播種

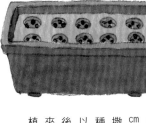

間隔15cm，挖出直徑約5cm、深1cm左右的播種穴，分別在每一處撒入3顆至4顆的種子，切勿讓種子重疊。再將周邊的泥土聚攏以覆蓋住種子，接著以手掌輕壓後，澆水澆至水會從盆底滲漏出來的程度。種植迷你青江菜時，植株間距可改為10cm。

4月下旬～6月下旬 春

9月中旬～11月上旬 秋

當葉子混雜時要分2次進行間疏

等本葉長出4片至5片時，將每一處播種穴間疏成1株，請從不健康的幼苗開始間疏。第一次間疏是在本葉長出2片至3片時，每一穴間疏成2株；第二次是在本葉有4片至5片時，每一穴間疏成1株。為了避免傷到留下來的植株，可使用剪刀剪除，或以手壓著植株基部，直接拔除。

Point

勤快地檢視葉子背面

蚜蟲及夜盜蛾的幼蟲都喜歡吃青江菜，請隨時確認葉子的背面是否長有幼蟲或卵，一旦發現就要立即清除。此外，也能利用防蟲網將盆器整個覆蓋，以此作為保護。

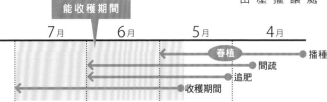

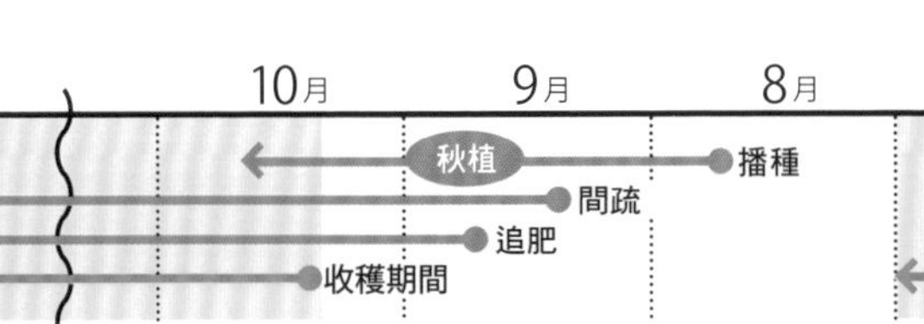

5月上旬～6月下旬 春

9月下旬～11月中旬 秋

第2次間疏後進行追肥

每2株植株就將1撮（3g）化學肥料撒在植株周邊。為使肥料與泥土混合，以手指淺淺地撥鬆泥土，再將泥土朝根部聚攏後，輕輕地壓實。

準備

準備深度10cm以上的盆器

標準的盆器就可以栽培。將盆底網覆蓋在盆器的底穴上，並於底部鋪上一層盆底石（大顆的赤玉土等），再放入培養土，請記得留出距盆器邊緣2cm至4cm的water space。但盆底已設有格狀物時，就不需要盆底網和盆底石。

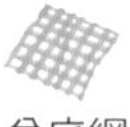

盆底網

盆底石

培養土

Point

只要深度有10cm任何容器都可以栽培

由於青江菜的高度有20cm，因此只要盆器的深度有10cm就沒問題。收穫量與栽培面積呈正比，但就算是小一點的容器也可以栽培。

播種後約60天即可採收

植株基部長得胖又圓時，就是適當收穫時期。以蔬菜高度約20cm為基準，將剪刀伸入植株基部剪除即可。

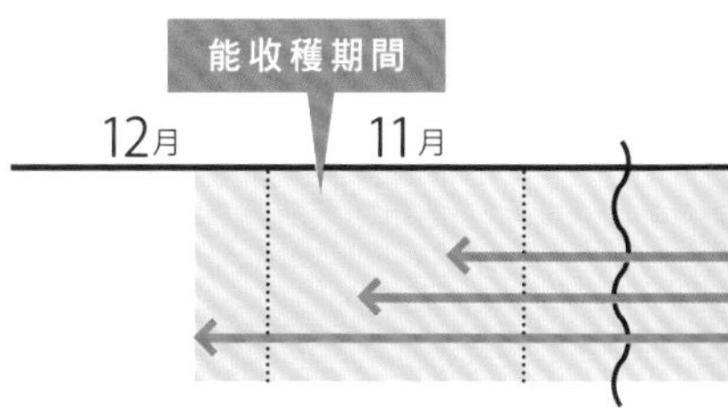

不要破壞植株基部肥碩的菜梗，慎重地採收。

相似蔬菜大集合

有許多和青江菜長得十分相似的葉菜。其中，有一整年都常見的品種，其共通的特徵為耐寒，且晚秋到冬天時皆會變得更加美味。此類型都隸屬於十字花科（學名：Brassicaceae），種類繁多。與白菜、高麗菜等不同，這些葉子不會結球的葉菜類，在日本統稱為「醃漬用菜」。日本自古以來即慎重地利用蔬菜，會將它們醃漬作成冬天的儲藏食物。

青江菜多半是炒來吃，但作成鹽漬則具嚼勁，是一種出乎意料的美味。

小白菜
江戶東京野菜之一。菜芯柔嫩，葉子為美麗的黃綠色。

小松菜
在關東生活圈中是不可欠缺的人氣葉菜類。也能作成雜煮。

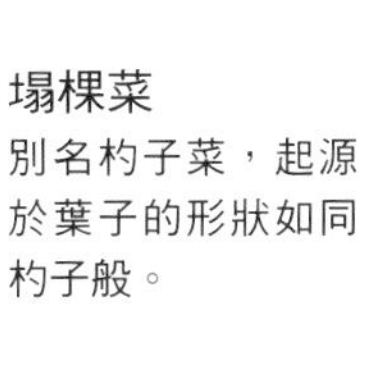

塌棵菜
別名杓子菜，起源於葉子的形狀如同杓子般。

大阪白菜
大阪難波地區的傳統野菜之一。無澀味，口感清爽。

鵝白菜
特徵是莖（葉梗）肉厚且外表雪白。與葉子呈現漂亮的對比色。

這時候該怎麼辦？ Q&A

Q 若想移植間疏時，採摘的植株要如何選擇？

A 青江菜是比較不耐移植的蔬菜。移植時，要將長有本葉1片至2片的小幼苗連同周圍的泥土一起挖出，再轉移至想移植的場所，這樣對根部所造成的損傷才可以降到最低。

Q 青江菜為什麼會變得細長又瘦弱？

A 青江菜的植株基部會隨著成長變得肥碩，所以植株間距（植株與植株的間隔）要保持約15cm（至少10cm）。倘若植株間距太窄，就無法充分生長。

菠菜

在低溫期慢慢地栽培能將鮮味充分留存

原本就是冬天的蔬菜，在歷經寒冷的考驗後，會變得更加美味。若在氣溫高的時期進行栽培，就得擔心害蟲的影響，所以建議於秋天進行播種。不過選擇春天播種用的種子，也能在春天栽培，但須注意不要施加太多肥料。

本來就是耐寒卻不耐高溫、濕熱的蔬菜，選擇適合播種時機的品種很重要。

含有豐富的維生素及礦物質 是健康型蔬菜的代表

含豐富的維生素C．E、β胡蘿蔔素、鐵、鉀及葉酸等維生素與礦物質，能預防貧血和生活習慣病。植株基部的紅色部分，不只甜味強，也含有能使骨骼強健的錳，因此相當值得積極地食用。

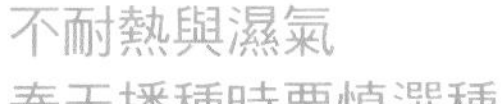

不耐熱與濕氣 春天播種時要慎選種子

菠菜的生長適溫是15℃至20℃。喜歡冷涼、清爽的氣候，所以能耐低溫，卻不喜歡潮濕的高溫天氣。秋天播種會比較容易栽培，若是選擇春天播種，隨著氣溫上升，菠菜的生長速度也會跟著過快（會冒出花莖）。因此春天栽種時，得選擇包裝上載明「生長較慢」的種子，並不要忘記確認播種時機。

保護重要的菠菜 遠離蟲子和鳥類

在嫩葉集中的成長點附近，常會出現長蚜蟲的情況。可使用防蟲網等覆蓋盆器，防止蟲子的入侵，減輕受害的情況。此外，也可以保護菠菜不被棕耳鵯（學名：*Hypsipetes amaurotis*）等鳥類啄食。

歷經寒冷 更增美味

耐寒的菠菜，就算是在0℃的環境下也能生存，甚至能忍受-10℃的溫度。在低溫緩慢成長的菠菜，其莖部會變得粗短，帶厚度的葉子則會擴大生長成玫瑰花瓣（rosette）狀。這種形狀的「冷凝菠菜」，其甜味和鮮味都呈現濃縮後的精華。

3月中旬～4月中旬 春
9月上旬～10月下旬 秋

使用壽司狀播種

間隔10cm至15cm，在表土上挖出深1cm左右的溝痕，再將種子撒成壽司狀。須意避免種子重疊，並將種子逐一撒入溝痕裡。接著覆蓋上泥土，以手輕壓，使種子滲入泥土中。最後使用裝有細目灑水頭的灑水器澆水，使泥土與種子密合在一起。而使菠菜發芽的訣竅，就是不要澆太多水。

3月下旬～4月下旬 春
9月上旬～11月上旬 秋

當植株高度變成5cm時進行第1次的間疏&追肥

當植株高度變成5cm時，植株間距要有2cm至3cm，因此得間疏掉不健康的幼苗。為了避免傷到留下的植株，請以手壓著植株基部，直接拔除。間疏後，每2株植株就輕抓1撮（3g）化學肥料撒在條間（溝與溝之間）。為使肥料與泥土混合，以手指淺淺地撥鬆泥土，再將泥土朝植株基部聚攏後，輕輕地壓實。

能收穫期間

9月 8月 7月 6月 5月 4月 3月

秋植　播種
間疏・追肥（第1次）
間疏・追肥（第2次）
間疏・追肥（第3次）

收穫期間

春植　播種
間疏・追肥（第1次）
間疏・追肥（第2次）
疏・追肥（第3次）

準備

準備深度10cm以上的盆器

標準的盆器就能栽培。將盆底網覆蓋在盆器的底穴上，並於底部鋪上一層盆底石（大顆的赤玉土等），再放入培養土，請記得留出距盆器邊緣2cm至4cm的water space。但盆底已設有格狀物時，就不需要盆底網和盆底石。

盆底網

盆底石

培養土

4月上旬～5月上旬 春
9月中旬～11月中旬 秋

當植株高度變成10cm至15cm時進行第2次的間疏&追肥

當植株高度變成10cm至15cm時，植株間距要有5cm至6cm，因此得間疏掉不健康的幼苗。間疏後，每2株植株就抓1撮（3g）化學肥料撒在條間。為使肥料與泥土混合，以手指淺淺地撥鬆泥土，再將泥土朝植株基部聚攏後，輕輕地壓實，使植株挺立。

有東方品種和西方品種之分
容易栽培的則是中間的品種

菠菜的品種，有東方系列和西方系列之分。東方系列是日本自古就有的品種，葉片上有鋸齒狀切口，葉片薄且少澀味。由於容易生長過快，所以適合秋天播種。西方系列的特徵則是圓葉且葉片稍厚、澀味強。現在栽種的菠菜則是以兼具雙方性質的交配種為主流。

西方品種的種子是圓的。

為東方品種的種子，外皮帶有尖刺。也有剝去外皮只取出種子的類型。

4月中旬～5月中旬 春

9月下旬～11月下旬 秋

當植株高度變成15cm至20cm時進行第3次的間疏

植株高度變成15cm至20cm時，植株間距要有8cm至10cm，因此得間疏掉不健康的幼苗。為了避免傷到留下的植株，可使用剪刀剪除，或以手壓著植株基部，直接拔除。

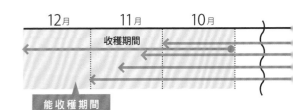

12月　11月　10月

收穫期間

能收穫期間

5月上旬～5月下旬 春

10月上旬～12月下旬 秋

當植株高度變成20cm至25cm時即可採收

當植株高度變成20cm至25cm以上時，就是適當收穫期。一邊以單手將植株聚攏，一邊使用剪刀剪斷植株基部進行採收。

Point

分3次間疏，並品嚐每次間疏時剪除的菠菜。以「間疏食用」的方式，愉快地享用各階段的菠菜。

生薑

於初春時種植薑，並在根部稍微長大的夏天收穫「葉薑」，但請預留一半。等根部變得更粗後，在降霜前收穫「根薑」。即使是半陰涼處也能栽培，但它不耐乾燥。

種植
4月下旬至5月中旬
收穫
7月下旬至8月中旬（葉薑）
10月下旬至11月上旬（根薑）

胡蘿蔔

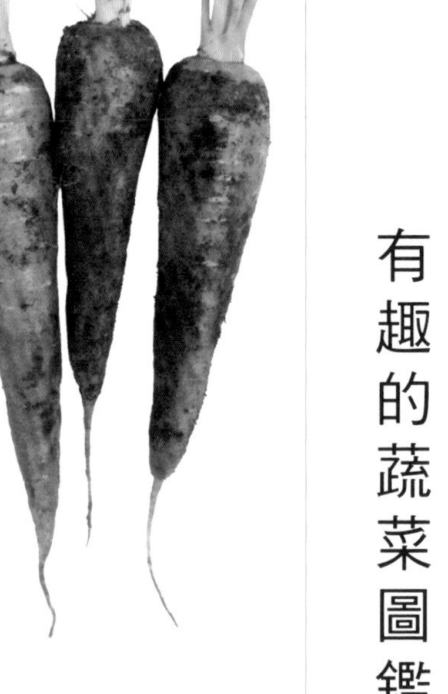

從播種到收穫，要稍微花點時間的蔬菜。可選擇迷你胡蘿蔔、三寸胡蘿蔔等適合盆器栽培的小型品種。栽培的最大重點就是直到發芽為止，都不能讓泥土乾燥。

播種
3月中旬至4月中旬（春播種）
7月上旬至8月上旬（夏播種）
收穫
7月上旬至8月下旬（春播種）
10月下旬至12月中旬（夏播種）

紫蘇

紫蘇很健壯，所以容易栽培，是在芽、葉子及花穗等各種生長階段都能利用的蔬菜。若於手邊栽種一盆紫蘇，想添加點辛香味或作裝飾時，就十分方便。藉由摘芯來增加側枝，就能不斷地採收。

播種 **4月上旬至下旬**
收穫 **7月上旬至10月上旬**

落花生

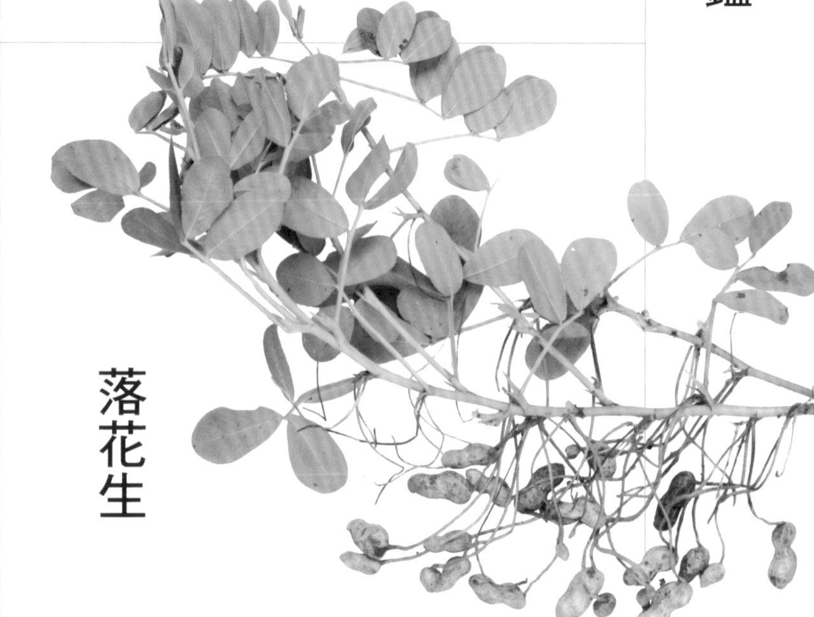

不耐寒，當平均氣溫變高時即能播種。落花生是一開花、其根部就會生出所謂子房柄的長枝條，並鑽入土中，在土裡長出莢果的植物。若是於家庭菜園中栽培，就能近距離觀察其獨特的成長過程。

播種 **5月中旬至6月上旬**
收穫 **9月中旬至10月中旬**

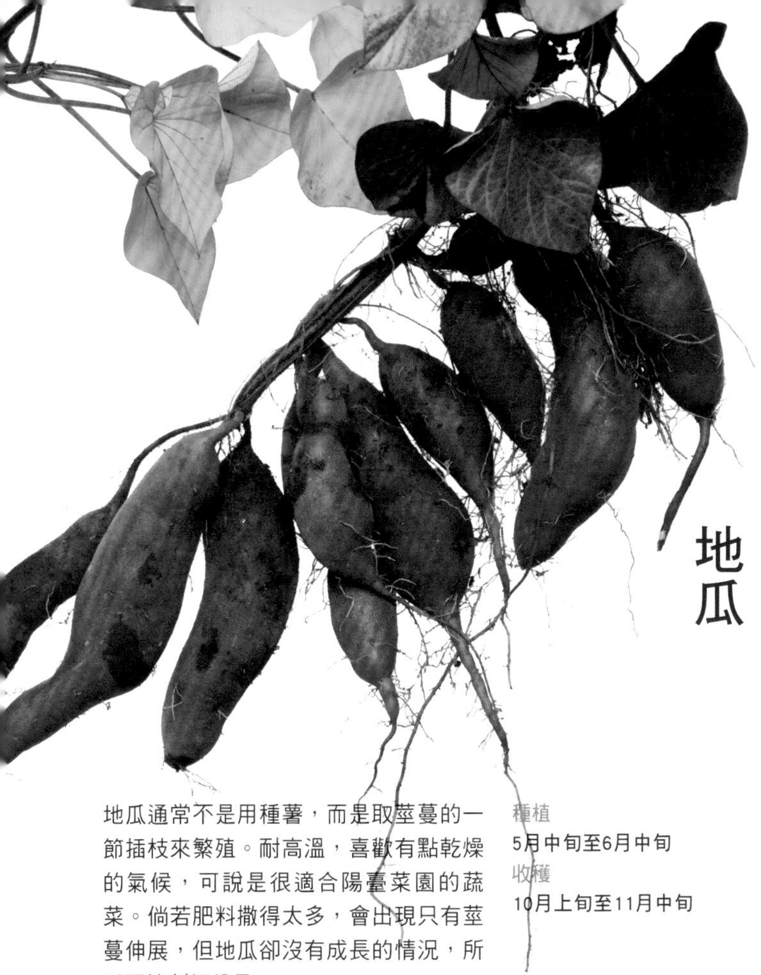

地瓜

地瓜通常不是用種薯，而是取莖蔓的一節插枝來繁殖。耐高溫，喜歡有點乾燥的氣候，可說是很適合陽臺菜園的蔬菜。倘若肥料撒得太多，會出現只有莖蔓伸展，但地瓜卻沒有成長的情況，所以要控制好份量。

種植
5月中旬至6月中旬
收穫
10月上旬至11月中旬

貝比生菜

一起撒入萵苣、芝麻菜及油菜等數種葉菜類的種子，並趁著幼嫩時以剪刀進行收穫。若施予追肥，就能收穫2次至3次。也可以選擇事先就混合好的種子。

播種 4月上旬至10月中旬
收穫 5月中旬至11月下旬
再收穫 6月上旬至11月下旬

長果種黃麻

在葉菜類稀少的盛夏期間，能健康培育的蔬菜。因為營養豐富，在埃及有「國王蔬菜」之稱。為了防止它不斷地竄高，可進行摘芯的步驟，讓它長得比較低矮茂密。此外，花和含種子的果莢有毒，所以只能採摘嫩葉食用。

種植 5月上旬至6月下旬
收穫 7月上旬至11月上旬

小黃瓜

充滿水分、能緩解夏天燥熱感的蔬菜。原本就不耐低溫，抗疾病、害蟲也弱，所以不要從種子栽培，改為從取得健壯的幼苗開始吧！也建議種植迷你品種。剛採摘的水嫩口感，是親自培育者才能瞭解的迷人風味。

種植 4月下旬至5月下旬
收穫 6月上旬至8月中旬

秋冬

蘿蔔

有很多品種，但一般所說的「短蘿蔔」、「小蘿蔔」都是適合盆器栽培的類型。土壤中有異物是造成其變形的主要原因，因此只要以蓬鬆的培養土栽培，就能長出形狀漂亮的蘿蔔。

播種
4月上旬至下旬（春播種）
8月下旬至9月上旬（秋播種）
收穫
6月中旬至下旬（春播種）
10月下旬至11月中旬（秋播種）

蠶豆

溫度適中的地帶與溫暖的地區皆是在秋天播種，以幼苗的狀態越過冬天。由於氣溫一旦上升，成長就會變得很快速，得以在初夏時收穫。因栽培期間長，且屬於鮮度容易下降的類型，故要在鄰近的地方栽種，這樣才能品嚐到剛採摘的新鮮口感。若是位於寒冷的區域，就要在早春時播種。

播種 10月上旬至11月上旬
收穫 5月中旬至6月中旬

小松菜

小松菜的特徵是營養價值高，且容易栽培得很健壯。只要有閒置的盆器，就可立即撒入種子。除了隆冬之外，任何時期都可以栽種，但建議在蟲害少的秋天播種。

播種 2月下旬至10月下旬
收穫 4月上旬至12月下旬

捲葉萵苣

不會成球形（不結球）的萵苣，由於幼苗取得容易，能在比較短的期間內栽培。蚜蟲、夜盜蛾幼蟲及蛞蝓（slug）等都很喜歡吃其嫩葉，所以得要採取防蟲對策。若在春季播種，容易生長過快，故建議於秋天種植。

種植
4月中旬至5月中旬（春）、9月中旬至10月下旬（秋）
收穫
5月下旬至6月下旬、10月下旬至12月上旬

京水菜

一邊間疏，一邊就能品嚐到各個階段的京水菜。若要作成沙拉食用，可稍微混合地栽培，京水菜就會長得很鮮嫩。只要植株間距夠寬，就能栽培出一大把的大棵京水菜。

播種 **9月上旬至下旬**
收穫 **11月上旬至隔年2月下旬**

大頭菜

高麗菜的同類，主要食用其肥大的莖。雖然是容易栽培的青菜，但從種子開始培育有點困難，因此取得幼苗時請一定要試著挑戰看看。也有紫色品種。

種植 **8月下旬至10月中旬**
收穫 **10月上旬至12月中旬**

綠花椰菜

若能取得在夏天結束時上市的幼苗，就能輕鬆地開始栽種。尤其是小型、莖長的「青花筍」品種，很適合栽種在盆器裡。由於容易長蚜蟲，一旦發現蟲子就要立即清除。

種植 **8月下旬至9月中旬**
收穫 **10月下旬至12月下旬**

豌豆

由於是以幼苗形態過冬，所以重點是要在適當時期將種子種植於塑膠盆中，讓它長成適當的大小。豌豆可分為以吃嫩莢為主的荷蘭豆、豆莢與豆仁都吃的甜豆，及只吃中間鼓起的豆子的青豆三種類型。

播種 **10月中旬至11月上旬**
收穫 **4月下旬至6月上旬**

索引

あ

か

さ

た

な

は

ま

や

ら

わ

｜自然綠生活｜ 21

自種・自摘・自然食在：陽臺盆栽小菜園

授　　權／NHK 出版
監　　修／北条雅章・石倉ヒロユキ
譯　　者／夏淑怡
發 行 人／詹慶和
總 編 輯／蔡麗玲
執行編輯／李佳穎
編　　輯／蔡毓玲．劉蕙寧．黃璟安．陳姿伶．李宛真
執行美編／周盈汝
美術編輯／陳麗娜．韓欣恬
內頁排版／鯨魚工作室
出 版 者／噴泉文化館
發 行 者／悅智文化事業有限公司
郵政劃撥帳號／ 19452608
戶　　名／悅智文化事業有限公司
地　　址／新北市板橋區板新路 206 號 3 樓
電子信箱／ elegant.books@msa.hinet.net
電　　話／ (02)8952-4078
傳　　真／ (02)8952-4084

2018 年 2 月初版一刷　定價 380 元

銷／易可數位行銷股份有限公司
地址／新北市新店區寶橋路 235 巷 6 弄 3 號 5 樓
電話／ (02)8911-0825　傳真／ (02)8911-0801

國家圖書館出版品預行編目 (CIP) 資料

自種・自摘・自然食在：陽臺盆栽小菜園 / NHK 出版授權；北条雅章・石倉ヒロユキ監修；夏淑怡譯 . -- 初版 . -- 新北市：噴泉文化館出版：悅智文化發行 , 2018.02
面；　公分 . -- (自然綠生活；21)
譯自：育てておいしい ベランダ野菜
ISBN 978-986-95855-2-1(平裝)
1. 盆栽 2. 園藝學

435.11　　107000054

STAFF

編輯：NHK出版
監修：北条雅章・石倉ヒロユキ
封面插畫：大野八生
封面設計：レジア（石倉ヒロユキ）
插畫：五嶋直美、坂之上正久
內文設計：レジア（石倉ヒロユキ・小池佳代）
編輯協助：レジア・真木文絵・日高良美・今井由美子
攝影：石倉ヒロユキ・上林德寬・成清徹也
福田 稔、丸山 滋・渡辺七奈
校正：安藤幹江
企劃・編輯：三田村美保（NHK出版）

親手打造
一家一菜園

天天吃得新鮮
安心 · 又健康！

從陽台到餐桌の迷你菜園：
親手栽培・美味＆安心

BOUTIQUE-SHA ◎著
謝東奇／審定
平裝／ 104 頁／ 21×26cm
全彩／定價 300 元
噴泉文化◎出版

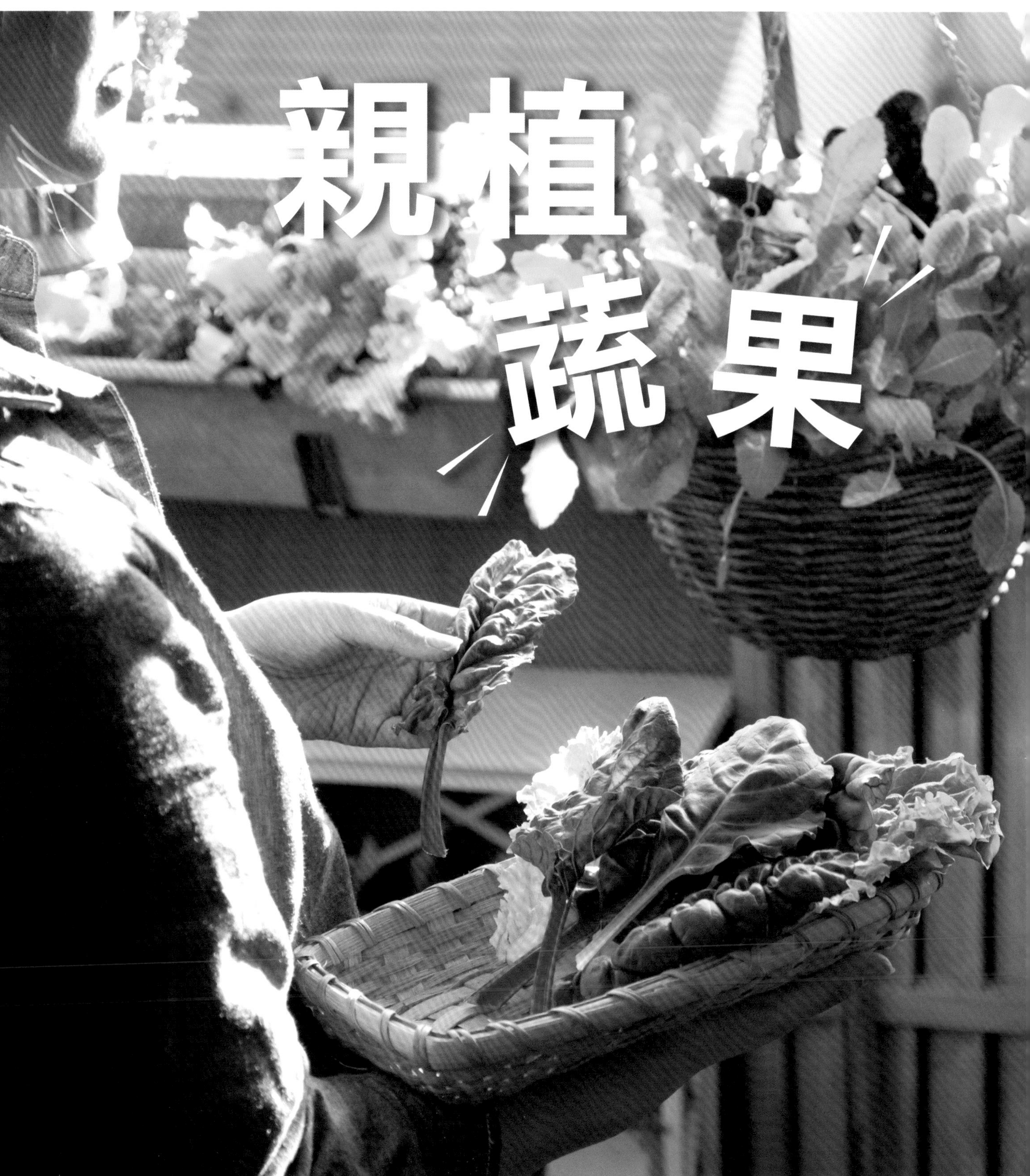
親植
蔬果